山区城市异地搬迁县域实践模式中国样板

（2020年辑）

山区异地搬迁的县域实践

景宁篇

朱显岳　练　彦　著

中国农业出版社

北京

图书在版编目（CIP）数据

山区异地搬迁的县域实践：景宁篇／朱显岳，练彦著．—北京：中国农业出版社，2022.1
（山区城市异地搬迁县域实践模式中国样板. 2020年辑）
ISBN 978-7-109-29016-7

Ⅰ.①山… Ⅱ.①朱… ②练… Ⅲ.①山区－扶贫－移民－研究－景宁畲族自治县 Ⅳ.①F126②D632.4

中国版本图书馆 CIP 数据核字（2022）第 007869 号

山区异地搬迁的县域实践：景宁篇
SHANQU YIDI BANQIAN DE XIANYU SHIJIAN：JINGNING PIAN

中国农业出版社出版
地址：北京市朝阳区麦子店街 18 号楼
邮编：100125
策划编辑：闫保荣　章　颖
责任编辑：王秀田
版式设计：王　晨　责任校对：吴丽婷
印刷：北京中兴印刷有限公司
版次：2022 年 1 月第 1 版
印次：2022 年 1 月北京第 1 次印刷
发行：新华书店北京发行所
开本：700mm×1000mm　1/16
印张：9.75
字数：150 千字
定价：50.00 元

山区城市异地搬迁县域实践模式中国样板（2020年辑）

编 辑 委 员 会

丽水，又一次出发

遵循习近平总书记对丽水的重要嘱托，站位中国山区城市乡村振兴治理现代化，城乡融合、乡村振兴的旗帜性工程，打造以人的现代化为核心的农业农村现代化山区样板，构建中国（丽水）共同富裕示范区的山区愿景，丽水，又一次出发。

2019 年来，丽水，以"丽水之干"担纲"丽水之赞"，全面实施"大搬快聚富民安居"工程，力求在 2019—2023 年，投资 199.64 亿元建设九县（市）万人农民新城为引领的安置小区（点）100 个以上，实现 16.46 万山区农民搬得出、稳得住、富得起。在市委书记胡海峰代表丽水市委市政府在浙江日报发表"丽水宣言"的号召下，丽水率先在全国坚定并成功探索出"解危除险""小县大城""众创空间""幸福社区"四个维度的农民异地搬迁县域实践模式。

丽水，又一次出发，"大搬快聚富民安居"工程成为引领乡村振兴的"丽水创举"。按照"入城、入镇、入园"的要求，异地搬迁群众安置地选择贴近城区、工业区、旅游景区"三区"、靠近中心、特色"两镇"，搬迁农户不仅"搬得出"，更能"安得下、能就业、富得起"。遂昌县云峰古亭小区，就在高新产业区旁边，就业配套到位，农民"洗脚上田"，在家门口当上了"产业工人"；景宁县澄照安置小区，距离县城仅 8 公里，人口集聚和产业集聚两轮驱动，安置在此的 1 058 户 3 700多名群众安居乐业。告别穷乡僻壤，建设美丽家园，异地搬迁群众增收快马加鞭，真正实现了"诺穷窝""拔穷根"，让丽水农民人均纯收入增幅实现全省"11 连冠"，低收入农户收入增长全省"4 连冠"！

丽水，又一次出发，"大搬快聚富民安居"工程成为丽水"跨山统筹"实现高质量绿色发展的"丽水平台"。丽水，是华东地区生态屏障、全国生态环境第一市，还是国家生态产品价值实现机制试点市。护好绿水青山，开掘金山银山，一直以来丽水锐意改革、不断创新，特别是新运用人口迁徙、资金引导、集成项目三把"金钥匙"实现"跨山统筹"。"大搬快聚"，将居住在生态敏感区域的群众搬离，既彻底改变传统的生产生活方式，也实现了人力资源、生态资源的"跨山统筹"，真正实现了"群众下山、生态修复、绿色发展"的多赢。根据百山祖国家公园创建需要，生态搬迁作为"大搬快聚"的一项新增特殊任务，涉及龙泉、庆元、景宁 10 个乡镇 33 个行政村，6 240 人将从林区搬出，为生态让路。

丽水，又一次出发，"大搬快聚富民安居"工程成为实现乡村治理现代化、建设乡村未来幸福家园的"丽水样板"。犹如碧绿的瓯江水，清澈明亮，温润可人。投资 6.5 亿元建成的瓯碧园小区，既是莲都目前最大的大搬快聚安置工程，也是碧湖镇的首个高品质小区。高品质高品位的安置小区，在丽水全市随处可见。松阳水南街道新溪小区，通过县城交通、管网延伸，让安置小区的基础设施建设与城区已没有差别；云和白龙山街道大坪小区，小区内规划建设幼儿园，附近新建九年一贯制学校，社区服务大楼内设卫生分院，搬迁农民"就学不难、就医不愁"。"富民安居"，是大搬快聚的后半篇文章。丽水注重提升基本公共服务水平，努力配齐医疗、教育、体育、文化、卫生等公共服务，让搬迁农民住进幸福家园，生活有品质！

祝福今天的丽水，整装出发，着眼于"解危除险、小县大城、众创空间、幸福社区"四个维度，加快建设山区城市异地搬迁县域实践模式中国样板。

目　录

丽水，又一次出发

第一章
绪　论

　　2021年2月25日，习近平总书记强调"经过全党全国各族人民共同努力，在迎来中国共产党成立一百周年的重要时刻，我国脱贫攻坚战取得了全面胜利，现行标准下9 899万农村贫困人口全部脱贫，832个贫困县全部摘帽，12.8万个贫困村全部出列，区域性整体贫困得到解决，完成了消除绝对贫困的艰巨任务，创造了又一个彪炳史册的人间奇迹！"[1]异地扶贫搬迁是脱贫攻坚战的重要内容和举措，取得了卓有成效的业绩。2020年12月3日，国务院新闻办就易地扶贫搬迁工作举行发布会，国家发展和改革委员会秘书长赵辰昕指出，"十三五"期间，全国累计投入各类资金约6 000亿元，建成集中安置区约3.5万个，其中城镇安置区5 000多个，农村安置点约3万个；建成安置住房266万余套，总建筑面积2.1亿平方米，户均住房面积80.6平方米；配套新建或改扩建中小学和幼儿园6 100多所、医院和社区卫生服务中心1.2万

1

多所、养老服务设施 3 400 余个、文化活动场所 4 万余个，960 多万建档立卡贫困群众已全部乔迁新居，其中城镇安置 500 多万人，农村安置约 460 万人。这是继土地改革和实行家庭联产承包责任制之后，在我国贫困地区农村发生的又一次伟大而深刻的历史性变革，堪称人类迁徙史和世界减贫史上的伟大壮举。[2]

"易地扶贫搬迁最早开始于 1983 年的'三西'（甘肃的定西、河西和宁夏的西海固地区）扶贫，20 世纪 80 年代到 90 年代中期，主要在粤北、广西的部分地区实施。到 20 世纪 90 年代末和 21 世纪初，易地扶贫搬迁模式逐渐铺开。从 2001 年开始，国家发展和改革委员会安排专项资金，在全国范围内组织开展易地扶贫搬迁试点工程。"[3] 2012 年国家发展和改革委员会已印发《易地扶贫搬迁"十二五"规划》，2015 年 10 月，习近平在减贫与发展高层论坛上正式明确了易地扶贫搬迁的重要地位，2016 年经国务院批准，国家发展和改革委员会印发《全国"十三五"易地扶贫搬迁规划》，精准瞄准"一方水土养不起一方人"地区人口，采取超常规支持力度，通过"挪穷窝""换穷业""拔穷根"，力图从根本上解决这些地区的贫困问题。我国易地扶贫搬迁研究，最早以"异地扶贫"为标题研究，2001 年全国范围内开展易地扶贫搬迁试点工程，研究的标题才以"易地扶贫搬迁"为主题。

浙江省丽水市景宁县，是全国唯一的畲族自治县，也是华东地区唯一的民族自治县。1986 年，景宁县被定为全国第一批重点扶持的 301 个贫困县之一，是当时浙江省 6 个贫困县中最贫困的一个。虽然 1997 年被摘掉了贫困县帽子，但是贫困问题还相对严重，2005 年，景宁县仍被列入浙江省 26 个欠发达县序列。2015 年年初，景宁县完成欠发达县摘帽，并于同年年底完成全面"消除 4600"工作，扶贫工作进入解决相对贫困阶段。从"异地搬迁""大搬快治"到"大搬快聚富民安居"工程，景宁县不断集结与升级各方力量，决战脱贫攻坚。2019 年，全县实现地区生产总值 69 亿元，同比增长 9.2%。全县低收入农户由 2013 年的 16 362 户 47 740 人，减少到 4 283 户 7 960 人，减少了 83.3%。2020 年，在中国 120 个民族自治县（旗）中，景宁县农村居民人均年收入位列第四位，县域综合实力位居前列。在"绿水青山就是金山银山"理念指引下，景宁县奋力推动经济社会全面发展，在决胜全面小康道路上不断取得新成就，努力打造全国民族地区共同富裕的"景宁样板"。

第二章
理论基础

一、反贫困理论

易地扶贫搬迁本质上是解决贫困问题，反贫困是基础理论。"贫困所直接导致或者衍生的一系列社会问题是当今世界最尖锐的治理难题。贫困是相对于生产能力和普遍的经济发展水平而存在的、反映在特殊个体或者群体身上的生活贫乏窘困的状况。"[4]贫困也是一个相对概念，在不同国家或地区一定程度地存在，受到政治、经济、社会、文化领域的学者们广泛关注，至少存在两种反贫困的观念：一是功利主义，二是平等主义。在功利主义看来，贫穷会带来一系列社会问题如犯罪等，干预贫困有利于社会的和谐。而更普遍的思想是平等主义观念，共享发展成果是人类的理想目标，是不应该存在某些人的生活处于贫困的状态，贫困是需要人类共同解决的议题。

贫困主要缘于社会、区域和个人三大因素，可以从制度性、区域性、阶层性三个方面（康晓光，1995）进行反贫困，反贫困的路径主要解决收入低下、能力不足、权利匮乏等问题。收入低下是贫困的表象，主要通过增加"外援"和内生动力来解决贫困问题。贫困一部分是由于气候环境恶劣、土地贫瘠、疾病肆虐等外在环境因素所导致，"外援"主要解决非个人原因导致的贫困，如制定社会保障制度、社会救援制度等保障最基础生活条件，针对环境恶劣地区的整体搬迁，疾病肆虐地区的补助和帮扶等。激发贫困人口内生发展动力，主要通过提高人力资本水平，弥补贫困人口能力不足问题。

我国是反贫困理论应用成效显著的国家，我国扶贫工作主要分为五个阶段：第一阶段是从 1978 年到 1985 年，我国改革开放初期，主要解决贫困现象相对普遍，内生脱贫动力不足问题。通过实行家庭联产承包责任制体制机制创新，释放小农户脱贫动力，提高劳动生产率；提高农产品价格，发展乡镇企业，让城乡居民有更广泛的就业机会，贫困人口急剧下降。第二阶段是从 1986 年到 1993 年，开展大规模扶贫计划。主要通过"开发式扶贫"，为贫困人口探寻可持续的发展之路，我国的贫困人口稳定下降。第三阶段是从 1994 年到 2000 年，我国制定《国家八七扶贫攻坚计划》，通过制度性扶贫、加大扶贫资金投入，解决全国尤其是农村贫困人口的温饱问题。第四阶段从 2001 年到 2010 年，我国颁布《中国农村扶贫开发纲要（2001—2010 年）》，主要注重贫困地区科教文卫基础条件的改善，在巩固温饱成果基础上，提高贫困人口内生发展动力，为全面小康创造条件。第五阶段从 2011 年至今，我国进入全面建成小康社会。我国颁布《中国农村扶贫开发纲要（2011—2020年）》实行精准扶贫、注重实效，于 2020 年消除了相对贫困问题。

二、集聚理论

"大搬快聚"有两层含义：一是易地搬迁，二是要素和产业集聚，因此需要这两方面的理论支撑。产业集群理论最早可以追溯到英国经济学家马歇尔（1890）为代表的经济学家提出的外部经济理论，马歇尔发现外部规模经济与产业集聚密切相关，是产业集聚的重要经济动因。马歇尔认为生产、销售同类产品的企业或产业的上中下游企业集聚于特定区域，有利于知识的扩散和生产效率提高。韦伯（1929）最早提出产业集聚概念，他从工业企业的区位布局视角分析产业地方化现象，阐明了运输成本和劳动力成本对集聚的影响。也就是说，企业空间集聚的成本和收益决定企业是否集聚。20世纪70年代末80年代初以中小企业集中为内容的"新产业区"繁荣发展，斯哥特（1986）等为代表的新产业空间学派认为集群"弹性专精"的生产方式能够促使中小企业优势发挥，具有本地化和根植性特征的集聚具有特殊的创新和技术学习的方式。我国学者王辑慈（2001）对新产业区理论进行了大量文献梳理，认为新产业区是基于外部规模经济和范围经济实现的，创新环境、创新网络和"弹性专精"是新产业区形成发展的机制。新产业区具有网络性、嵌入性和创新性的特性。学者们的研究证实集聚有利于创新，形成创新型网络又是集群发展的重要特性和目标。由此可见，创新离不开空间集聚，空间聚集又促进创新，所以，研究"大搬快聚"时，集群及集聚是重要视角之一。

集聚又分为专业化集聚与多样化集聚，在研究"大搬快聚"时，区分集聚的不同种类，更有利于研究其对移民的影响。

一是专业化集聚。根据马歇尔的观点，专业化集聚有利于劳动分工及专业化生产，促进信息、技术、思想的快速传播与扩散，降低信息等相关资源的获取成本，提高劳动等要素的生产效率，降低企业运行成本。同时，专业化集聚有利于密切上下游产业链上企业的关系，加速资本等要素自由流动，改善要素配置扭曲。企业在做出选址行为决策时，以利润最大化为目的，寻求效率改进和竞争力提升，企业迁移行为是对空间成本与空间收入综合权衡的结果[5]。劳动密集型产业集聚对资源禀赋、要素成本、市场规模等因素相对敏感，资本密集型产业集聚更容易受到区位条件、技术水平、人力资本等因素影响，技术密集型产业集聚更容易受人力资本、技术水平等因素影响，当企业在产业集聚区内处于赢利空间之外时，集聚所带来的成本降低被要素成本上升等因素抵消，企业迁移的推力大于阻力时，企业将选择离开现有区位迁移至赢利空间高的区域。行业内企业集聚所带来的专业化分工、知识溢出，形成 MAR 技术外部性[6]和资金外部性，进而形成产业承接的拉力，进一步强化集聚效应。服务业在生产和消费时具有时空不可分性、非物化、不可存储性等特点，近的地理距离会降低生产性服务企业与制造企业面对面接触的成本、增大它们接触的频率，进而建立起更为信任的关系，而信任可有效降低交易成本[7]。许多生产性服务业是从生产环节和流程中剥离出来，其分布与制造业分布紧密相连，因此，制造业集聚会伴生服务业集聚与转移；而生产性服务业深入全面参与生产环节，进一步强化分工，不仅起到润滑剂的效果，而且促进生产环节高效运营和价值提升，成为知识和技术的提供者和传播者，起到创新"推进器"的作用，伴生的生产性服务业集聚会成为现有集群中企业转出的强大阻力。生活性服务业与消费市场规模和消费水平直接相关，对制造业转移的影响相对较小。

二是多样化集聚。一方面，如 Jacobs（1969）所强调，多样化集聚能够促进互补性知识在异质性产业间流动和溢出，强化产业间协同发展，从而促进创新和企业收益递增。另一方面，多样化集聚能够利用商业服务和地方性公共产品在生产中形成范围经济[8]。不同产业在空间上集聚不仅有利于企业从更广范围获得中间产品和服务，也有利于抵御单个产业的冲击。产业多样化集聚对区位的多样化产业类型、要素禀赋和制度环境更加敏感，当在现有集群中所获得的范围经济带来的收益递增，被区位要素成本上升和要素禀赋变化所抵消，企业也将选择更优区位。集聚产业之间无须较强的联系，主要通过低成本和优区位吸引企业入驻，但较容易出现产业协同性差、要素流动受限、知识共享不足等问题，更容易导致资源错配。服务业的多样化集聚有利于制造业集聚发展，但受到制造业多样化集聚所带来的经济效应的影响。

三、产城融合理论

产城融合理论最早由张道刚（2011）提出，他认为，"城市与产业需要双向融合"，一个地区有了人，就有了需求，就具有城市内在活力，城市功能提升与改善为产业发展提供了机遇。陈云（2011）、杨芳（2014）也提出相似的解释，产城融合是在产业功能基础上的新区增强服务功能，产业发展促进城市发展，产城之间是相互促进、相互依托的关系。易地扶贫搬迁中需要做到产城融合，才能促进移民具有强大的后续生计。产城融合的相关理论主要包括城镇化与工业化相关性、城市空间集聚理论、自组织理论等。Hollis Chenery（1975）提出城镇化与工业化的相关研究，伴随着工业化的进程，人口不断集聚，促进城镇化发展；城镇人口的集聚，又形成多元化需求，拉动产业发展。自组织理论认为城镇系统是由一种无序状态向有序状态，从低级到高级的自演化过程（Nolfi，2005）。城市中包括城市基础设施、人口、资本、技术、生态环境等要素，各要素之间相互作用、相互协同，形成城市与产业相融共生的格局。促进产城融合的路径主要有：一是以工业化推动产城融合，当产业在新区集聚，在老区改造过程中集聚新旧动能要素，促进城市质量提升。二是以城镇功能提升带动产城融合发展。医疗、教育、商业、景观绿地等基础设施的配套，将改变该地的区位条件，当区域的交通等基础设施条件改善之后，会促进人口的集聚和要素集聚，从而促进产业发展。三是创新驱动产城融合发展。如创新体制机制，产教融合发展，形成区域联动，整合高校、园区、城区资源，催生新产业集聚，重塑该地区的空间格局。

四、可持续发展理论

"大搬快聚"是为了生态的可持续和生计的可持续，可持续发展理论是重要的基础，可追溯到 20 世纪 60 年代，1962 年美国海洋生物学家莱切尔·卡逊（Rachel Carson）在《寂寞的春天》一书中提出人类应该与大自然和谐相处的观点。1987 年，世界环境与发展委员会（WCED）在题为《我们共同的未来》的报告中正式提出了可持续发展模式，并且明确阐述了"可持续发展"的概念及含义。可持续发展理论的核心是代内公平和代际公平，在"大搬快聚"中主要强调的是代内公平问题，因此代内公平是研究的基础。1992 年联合国环境与发展大会上，代内公平被列为大会主题之一，被国际公约和文件认可。我国学者王曦认为"代内公平是指代内所有的人，不论其国籍、种族、性别、经济发展水平和文化等方面的差异，对于利用自然资源和享受清洁、良好的环境享有平等的权利。"[9]但是，现实中资源与环境的"平等享有权利"是不存在的，首先，自然资源本身存在较大的异质性。各国各地区的自然资源禀赋不同，有些地区天然拥有丰厚的资源，如石油资源丰富的国家，坐享其成就可以享受较高的生活水平；资源贫乏之地的人们需要付出更多人力物力才能获得同等收益。其次，自然环境存在不均衡性。一方面是经纬度不同、地形地貌不同导致的自然环境差异，另一方面，因发展程度不同对自然环境的影响差异，发达国家提前完成了工业化阶段，最先享受工业文明成果，将高污染、高能耗的工业转移到发展中国家，导致各个国家环境状况存在一定差异。因此，改变自然资源禀赋状况，尽量给予不同地区相对均等的发展机会是尤为重要的。

五、国内外相关研究状况

（一）国外易地扶贫搬迁相关研究

国外有关易地扶贫搬迁的研究主要集中在反贫困领域，最早可以追溯到英国经济学家西伯姆·朗特里（Seebohm Rowntree），他认为，当家庭总收入不足以维持家庭成员的最基本生存活动时，就说明这个家庭陷入了贫困。国外学者主要关注反贫困及其理论研究，还有相对少量的易地搬迁扶贫与持续生计的研究。

1. 反贫困及其政策研究

造成贫困的原因主要是资源禀赋匮乏、能力和机会缺乏等原因。在发展经济学、制度经济学、社会学等领域对反贫困相关理论已有较多论述。从制度变革视角来看，自19世纪以来，以马克思为代表的著名经济学家和社会学家就对贫困问题进行了深入的理论探讨。马克思认为，资本主义私有制是贫困的根源，需要改变旧制度建立新的制度，才能消除贫困。从微观视角来看，阿马蒂亚·森认为，保障贫困者的基本权利是让她们摆脱贫困的重要方法之一。舒尔茨的人力指标理论认为，贫困者贫穷的原因主要是人力资本投入匮乏，导致在技能和生存能力上存在差距，应该加大对贫困者的人力资本投入，逐渐改善他们的受教育水平和劳动技能，才能增加其就业和收入水平。阿马蒂亚·森也认为，贫困者之所以陷入贫困主要是自我能力存在缺陷或不足，不仅需要政府投入解决贫困问题，还需要给予他们更多个人能力发展的选择，增强自我提升的内生动力。世界银行的研究者倡导社区主导理论，提出需要发挥社区及其组织的作用，带动社区成员帮助贫困者发展，并赋予穷人权利，加强对贫困群体的保障。从可持续发展视角看，赫希曼认为，经济发展会有先后次序，经济整体增长会促进先发展地区的技术、知识、资本外溢到后发展地区，增强后发展地区就业机会，逐渐缩小两者的差距。拉格纳·纳克斯的贫困恶性循环理论指出，在供给方面，发展中国家经济不发达，收入水平较低，导致低储蓄力，低储蓄能力又导致资本稀缺，从而造成资本形成不足，资本形成不足又导致无法进行扩大再生产所带来的低产出率，低产出率又造成低收入；在需求方面，低收入导致低购买力，消费需求不足又导致投资引诱不足，低资本形成使得企业无法提高生产效率，低产出又导致陷入低收入。

国外反贫困的相关政策措施也比较丰富，值得借鉴。在发达国家，美国和英国主要倡导税收优惠政策、工作福利制度、教育培训援助、提供社会资本、建立现代社保制度和社会福利制度保障贫困者基本生活、减轻其社会压力、适当增强其就业技能。具体内容包括，实行减税优惠，以立法形式推动教育技能培训，鼓励社区组织开展互助活动，建立全面的社会保障体系和救助体系等。在巴西、马来西亚等发展中国家，通过教育培训计划、发展极战略、绿色革命、就业帮扶、包容性发展、建立基本社保等政策措施改善贫困状况。发展中国家主要通过改善人力资本状况、适当帮扶、提高生产效率、促进经济整体发展来提高贫困人口发展的内生动力，发展程度较好的国家采用建立保障体系方式反贫困。

2. 易地搬迁扶贫与持续生计的研究

亚当·斯密（Adam Smith）于 1776 年在《国富论》中首次提出"移民"的概念。美国学者唐纳德·博格（Donald J. Bogue）于 20 世纪 50 年代末提出人口转移"推—拉"理论，他认为人口转移是迁出地和迁入地的推力和拉力共同作用导致的人口流动。易地搬迁在国外一般指的是生态移民，是建立在自主自愿的基础上，将生活在生态脆弱、经济落后、交通闭塞地区的人口迁移到资源富集、生存条件好的区域。从全球范围来看，因为森林采伐、土地沙化、土壤流失和其他环境问题而不能从土地上谋生需要迁移的人口有数千万。20 世纪 80 年代以后，学者们对生态移民的可持续生计问题逐渐关注，英国国际发展部提出了可持续生计分析框架，将生计指标分为自然资本、物质资本、人力资本、社会资本和金融资本五大类。

（二）国内易地扶贫搬迁相关研究

"大搬快聚"的本质就是易地扶贫搬迁，与其他扶贫模式相比较而言，易地扶贫具有很多优点。一是见效快。在易地扶贫政策推动下，贫困户能够在较短时间内从生存条件较差的区域搬迁到条件好的居住地，让贫困户可以感受到生活环境的极大改观。二是保障充足。易地扶贫的费用和成本大都是由政府承担，贫困户在购买新住房时，只需要很少的资金就能获得房屋或其他资助。同时，搬迁地一般具有较好的教育、医疗、就业及基础设施等资源，能够更好地享受公共服务。三是后续发展具有一定潜力。将偏远地区人口向城镇集聚，有利于城乡融合和城镇化进程加快。根据中国知网等文献数据库，以"搬迁""脱贫"等关键词进行检索，2000年以后易地扶贫搬迁政策出台以后，逐渐有学者研究，直到2016年，针对易地扶贫搬迁相关研究开始出现井喷式增长。本书在了解了易地扶贫搬迁的相关内涵基础上，将以"搬得下、稳得住、富得起"为脉络梳理文献。

1. 易地扶贫搬迁的相关内涵与理论

易地扶贫搬迁是精准扶贫重点内容，研究对象主要来自《易地扶贫搬迁"十二五"规划》指出的"易地扶贫搬迁的对象是生存在环境恶劣、不具备基本生产和发展条件、'一方水土养不活一方人'的深山区、石山区、荒漠区、地方病多发区等地区的农村贫困人口。"一些学者认为："易地扶贫搬迁是由地方政府组织实施，以政府引导、群众自愿为原则，将生活在缺乏生存条件地区的贫困人口搬迁安置到基础设施较为完善、生态环境较好的地方，并在后期给予移民产业扶持及技能培训帮助，调整其经济结构和拓展其增收渠道，帮助搬迁人口逐步脱贫致富。"[10]"在人口、社会、资源与环境协调发展和低成本、长期收益高的原则下，鼓励和支持（特殊情况下政府强制）生存条件极其恶劣的地区的贫困人口通过搬迁移民、异地开发的方式，来解决温饱和保持纯收入稳定增加的开发扶贫活动。"[11]学者们运用的理论支撑主要有可持续发展理论、人口迁移理论、社会适应理论、工业区位论、生态贫困理论等，主要解决人口、资源、社会与环境协调发展问题。

2. "搬得下"相关研究

易地扶贫搬迁中处理"搬得下"问题主要包括搬迁补偿、贫困户风险感知、预期收益等问题。耿敬杰、汪军民（2018）认为，"易地扶贫搬迁与宅基地有偿退出存在'目标一致，利益耦合'的战略协同关系，因此在政策实施过程中，要统筹兼顾，协同推进，实现互利共赢。一方面要发挥易地扶贫搬迁政策的拉动作用，通过'人的城镇化'和产业扶贫方式，引导和鼓励贫困群众有偿退出宅基地；另一方面要探索宅基地有偿退出机制对易地扶贫搬迁的驱动作用，利用城乡建设用地增减挂钩政策，优先解决易地扶贫搬迁工作中的土地指标紧缺和资金不足这两大难题，提高宅基地退出补偿标准，增加搬迁群众的生计资本，实现精准扶贫、精准脱贫的目标。"[12]陈勇等（2020）以受汶川"5.12"地震和"7.10"特大山洪泥石流灾害严重影响的汶川县原草坡乡为例，从农户风险感知现状出发，考察风险感知对搬迁意愿和搬迁行为的不同影响。研究结果表明：农户对自然灾害风险感知越强、对搬迁安置风险感知越弱，其搬迁意愿越强；较高的自然灾害风险感知会提高农户搬离灾害隐患点或风险区的概率，较强的搬迁安置风险感知会降低农户全家搬迁的可能性；搬迁安置风险感知对未搬迁和部分搬迁农户的影响程度超过自然灾害风险感知的影响。基于汶川县原草坡乡的实证研究，提出避灾搬迁安置决策中的"双重风险感知"假说。[13]刘明月等（2019）主张对贫困进行事前干预，测度易地扶贫搬迁农户的脆弱性。[14]严登才（2011）对搬迁前后移民的自然资本、物质资本、金融资本、社会资本和人力资本进行对比分析。分析发现，搬迁后移民物质资本有了很大的提高，而其他四类资本都受到了搬迁的负面影响。因此，需要加强对移民技能培训，提供低息或贴息贷款，培育社区组织等措施促进移民实现可持续的生计。[15]

3. "稳得住"相关研究

由于足够的补偿与保障，易地搬迁中"搬得下"环节一般进展都比较顺利，研究较多的是"稳得住"环节，主要涉及搬迁户如何融入新的生活空间和社区网络。

（1）易地扶贫搬迁的特征、风险与制约研究。武汉大学易地扶贫搬迁后续扶持研究课题组（2020）系统总结了"十三五"时期易地扶贫搬迁的六大特征：迁移作用力以迁出地的推力为主；安置方式以城镇化集中安置为主；生产方式以非农化为主；劳动力转移方式以县内就地转移与外出异地转移并举；城镇基础设施与公共服务成为重要支撑；面临经济融入和社会融合两大命题。做好易地扶贫搬迁后续扶持，要实现其与以县城为载体的城镇化协同并进，同步推进就地安置与劳务输出，扶技、扶志与扶业并重，加快安置地公共服务和基础设施的"软件"和"硬件"建设，加快易迁贫困人口的社会融合，盘活用好迁出地的各项资源。[16] 吴振磊、李钺霆（2020）提出"易地扶贫搬迁四大风险：一是多途径促进搬迁移民生计接续，规避移民生计风险；二是多渠道拓展搬迁移民社会关系网络，降低移民融入风险；三是多维度完善扶贫产业市场化机制，把控扶贫产业面临的市场风险；四是多层次健全公共服务保障体系，削弱移民心理依赖风险。"[17] 贺立龙等（2017）认为，易地扶贫搬迁作为精准扶贫战略工程之一，取得了重要成效。但由于基层政策执行偏差，部分地区有扶贫搬迁农户陷入"安置依赖""救济陷阱"，或出现"搬而难富"问题。基于对易地搬迁地区农户的随机调查数据进行实证考察，发现相对贫困程度、贫困异质性及家庭特征影响农户搬迁意愿、搬迁脱贫内生动力及其成效，制约搬迁的扶贫精准性与有效性。搬迁对外出务工农户的生计影响有限，对本地从事生产的贫困农户有帮扶效应。获得补贴不等于持久脱贫，单一的安置补贴降低了扶贫精准度并容易滋生救济依赖。因此，要改变"包揽""一刀切""唯补贴"的帮扶方式，扭转"安置结果至上"的政绩导向，设定补贴"弹性区间"，规避"救济陷阱"。搬迁政策重心要由"搬迁"转向"脱贫"，注重生产经营条件与就业机会创造，推动搬迁农户转型为有发展能力的职业农民或新市民。[18]

（2）要素禀赋变化与易地搬迁研究。魏爱春、李雪萍（2020）认为生计能力结构内部各要素之间的不同耦合关系是易地扶贫搬迁移民抗逆力差异化的根本原因。囿于生计能力结构的差异化，他们分别采取短距离摆动、长距离摆动、混合式摆动的生计策略应对贫困，呈现出迥异的抗逆行动，建设了不同类型的抗逆力。以农为主的兼业型搬迁户建设了生存型抗逆力；纯务工型搬迁户建设了发展型抗逆力；农工共存型搬迁户建设了健康型抗逆力。[19] 林博（2020）认为，易地搬迁是对要素禀赋的重塑，黄河滩区不仅是 125.4 万名滩区百姓生产生活之地，也是良好的可利用开发的生态资源，进行合理的移民搬迁安置，对滩区经济发展与居民可持续致富具有重要意义。通过对河南省黄河滩区 29 个安置区试点的实地调查发现，黄河滩区移民搬迁采取的差异化安置模式不仅降低了搬迁户对原有资源的禀赋效应，为原有资源的重新整合提供了条件，也解决了搬迁户无法高效利用原有资源进行生态价值转化及提升的困境，提高了搬迁户对搬迁后资源的禀赋效应，为搬迁户提供了小农生计模式多元化的替代方式。从试点的搬迁进展看，下一步应尽快明确试点后的搬迁规划，在保障搬迁户原有资产安全的同时，以壮大村级集体经济等方式，进一步探索滩区生态资源高效利用的路径。[20]

　　（3）空间视角下的易地扶贫搬迁研究。邢成举（2016）认为，一般意义上的搬迁扶贫未能重塑贫困人口所处的空间因素，尽管其在一定层面上实现了贫困人口自然居住空间因素的改善，但是并没有改变贫困人口所处的经济空间和社会空间。搬迁扶贫是空间贫困理论在扶贫工作中的自觉使用，但这种使用局限于较低的水平。现阶段的搬迁扶贫工作仍面临多方面的困境，主要表现为搬迁移民安置空间的困境、迁入地社会支持的困境和移民可持续生计的困境。充分发挥搬迁移民扶贫工作的价值，需要对搬迁扶贫工作进行优化和升级，重点是从经济、政治和社会空间等多元角度对移民迁入地进行重塑，鼓励行政区域间进行扶贫移民的合作，鼓励移民跨区域流动。[21]王寓凡、江立华（2020）认为从空间视角来看，易地扶贫搬迁实际上是一个空间再造的过程。现实中由政府主导的空间再造往往偏重单一维度的物理空间再造，忽视了空间再造的系统性，容易导致搬迁贫困户面临"稳不住"和"难致富"的发展困难。而企业在空间再造的逻辑上尽管与政府存在明显差异，但也存在着逻辑耦合的可能。政府和市场力量进行良性的协作，实现系统的空间再造，有助于"后扶贫时代"贫困户实现"稳得住"和"能致富"。[22]史诗悦（2021）以宁夏固原市团结村为研究样本，运用社会空间理论，对团结村扶贫搬迁出现的生计模式、文化信仰、社会网络和集体意识变迁进行全方位考察，研究发现移民社区存在着单一中心治理、生计模式转型、社区文化打造和社会结构不稳定等问题。基于此，易地扶贫搬迁社区的社会整合策略包括政府与社会互动的政治空间治理、生计与市场互补的经济空间治理、同质与异质协同的文化空间治理、和谐与正义共筑的社会空间治理。[23]

（4）从制度设计、多元利益主体、社会网络等视角相关研究。吴新叶等（2018）认为"易地扶贫搬迁安置社区的制度设计，是一种用城市生活取代传统乡土社会生活的逻辑。落实在社区治理实践之中，则常见到形式各异的紧张，主要表现为移民的日常生活与制度之间产生的对立与冲突。化解易地扶贫搬迁安置社区的治理紧张，一方面正式制度要以开放和包容的态度正视移民搬迁群体的正常诉求，及时进行自我变革；另一方面易地扶贫搬迁社区群众要主动接受制度的规约，尽快实现由传统生活向现代生活的转变。"[24] 马良灿等（2018）认为"农村基层项目扶贫实践中，多元行动主体间的利益博弈直接影响村落社会关系结构。从扶贫资源下乡后产生的贫困户资格之争到易地扶贫搬迁项目落地的搬迁名额争夺，村庄多元主体间的利益分配出现明显分化，这种分化造成了村庄社会关系重组，村落社会治理失序。在农村反贫困进程中，要使扶贫项目成为优化村落治理的有效手段，就应坚持以贫困群体为中心，兼顾基层政府的行政意志和村庄整体利益的统一，并在相互信任与互利合作的基础上重建乡村社会的伦理关系秩序。"[25] 管睿、余劲（2020）研究了外部冲击、社会网络与移民搬迁农户的适应性问题，认为农户适应性是评估移民搬迁政策有效性的核心指标，更是指导移民搬迁后续扶持工作的重要抓手。并运用最小二乘法实证分析了陕南3市8县1 250户移民搬迁农户的社会网络对其适应性的影响机制。实证结果表明，社会网络可以通过风险分担机制帮助贫困人口有效抵御风险冲击，但由于扩大网络规模及维持关系强度需要更高水平的投资，进而对移民搬迁农户造成了次生风险。同时，社会网络可以通过机会共享机制帮助非贫困人口有效把握外部机会，且非贫困人口的投资回报率要高于贫困人口。

因此，需完善移民搬迁社区周边的产业政策配套，加快移民搬迁农户的社区融入，也要加强对移民搬迁农户可能遭遇风险的事前防范，及不可抗风险冲击发生后的及时救助，进一步加大外部机会供给，降低外部机会门槛。[26]吕建兴等（2019）认为，易地扶贫搬迁是实现全面建成小康社会发展目标的重大民生工程，如何让已搬迁户在迁入地"稳得住"是易地扶贫搬迁工程能否顺利推进的关键。该文基于 5 省 10 县 530 户易地扶贫搬迁的数据，在控制样本个人特征、家庭特征以及搬迁基本特征的基础上，利用 Probit 模型实证分析了扶持政策和社会融入对搬迁户返迁意愿的影响。研究发现，政府提供就业机会的扶持政策和搬迁户自我身份认同、邻里互助的社会融入能够显著降低搬迁户的返迁意愿；而政府提供产业发展支持、金融贷款支持、社会保障支持的扶持政策和参加当地村（居）委会选举投票的社会融入对降低搬迁户返迁意愿的作用不明显。利用返迁意愿的不同测量方式、考虑样本选择偏误，证实了上述结论的稳健性。这些结论意味着，在政策制定和执行时，应强化政策供给与需求的有效对接，注意政策发挥效果的时滞性，落实短期和中长期政策的搭配使用；此外，政府除了提供经济扶持政策，还要重视和解决搬迁户的社会融入问题，确保搬迁户在迁入地能够"稳得住"。[27]陆海发（2019）的研究认为有一些易地搬迁自发随迁移民难以获得既定户籍制度、资源配给制度等的合法性支持，导致其处于社会边缘。从政府责任的角度来看，需要将这种自发随迁移民秩序统合于现有的制度秩序，在促进自发随迁移民融入主流社会的同时，保障地方社会秩序的和谐。[28]

4."富得起"相关研究

易地扶贫搬迁研究中更多的学者对搬迁户可持续生计方面的研究成果显著。学者们主要从两方面进行研究，一是实证分析易地搬迁是否促进了增收；二是推动搬迁户富起来的路径研究。

（1）易地搬迁与移民接续生计实证研究。具有代表性的学者及其研究观点如下。李聪（2020）基于减少贫困和缩小差距双重视角，从微观农户层次定量考察易地搬迁的政策效应，深入剖析了导致移民接续生计分化的因素及其贡献比率。使用来自陕南的调查数据，借助反事实分析框架，模拟了移民在不搬迁情境下的收入，通过比较搬迁和不搬迁情境下移民的贫困和收入差异变化发现，搬迁一方面显著降低了家庭贫困发生率、贫困深度和强度，帮助他们跨越了"贫困陷阱"；另一方面也打破了原来的低水平均衡，可能伴生移民收入分异的问题。收入差异决定因素分解结果表明：导致不同类型家庭收入分化的因素既有共性也有差异，无论对于移民还是非移民，是否为生态示范村、耕地面积、家庭规模、是否靠近车站、宗教信仰都是左右家庭收入的主要因素，与此同时，信贷可得性、可求助户数、是否为低保户对移民收入具有特殊的意义；正式和非正式的外部支持经由家庭生计选择深刻地影响着搬迁户的发展方向和层次。研究结果意味着，扶贫搬迁面临消除贫困和平衡发展两难兼顾的现实挑战，在搬迁扶贫的过程中，既要关注贫困的减少也要防范收入分异可能导致的移民社会脱节和社区撕裂风险，避免按下葫芦浮起瓢。为此，除了要保证资源再分配中的公平公正，还要注意提供正规的信贷支持和拓展移民的社会关系网络，为相关群体创造平等的发展环境。[29]

李聪（2019）依据可持续生计分析框架、恢复力理论，建立农户生计恢复力指标体系，利用陕西安康山区入户调查数据测度农户生计恢复力，进而结合易地扶贫搬迁背景考察农户生计恢复力的影响因素。结果显示：从缓冲能力、自组织能力、学习能力三大维度实证分析后发现陕南地区农户生计恢复力整体较低；搬迁户与非搬迁户的生计恢复力有显著差异，教育投入、政府投资、社会网络紧密度、社会网络质量、家庭负担比、家庭规模是影响农户生计恢复力的主要因素；搬迁户群体内，因安置方式、搬迁类型或原居住地不同，其生计恢复力也有显著差异。[30]

谢大伟（2020）以新疆深度贫困地区开展的易地扶贫搬迁为研究对象，运用DFID的可持续分析框架（SLA）对易地扶贫搬迁移民的生计资本变化开展分析。研究发现，搬迁后移民的生计资本有了较大提高，其中人力资本、自然资本、物质资本、金融资本都有了不同程度的提升，而社会资本则出现了一定的下降。不同的安置方式及迁入地影响移民的生计资本，有土集中安置移民的生计资本略高于无土集中安置的移民，新建移民新村移民生计资本高于城镇移民。为提高移民的可持续生计能力，要积极拓宽移民的社会关系网络，增强移民参与社会组织的积极性，提高移民的社会资本，激发移民的内生动力，探寻生计资本与内生动力的优化途径，提高资源的使用效率，并针对不同安置方式建立移民能力提升机制，增加就业机会。[31]

周丽等（2020）认为，生计资本是影响农户生计策略选择的重要因素，对两者相互关系的探讨有助于理解农户为实现可持续生计而采取的生计行为。基于湖南搬迁农户调查数据，采用 Logistic 回归模型分析生计资本影响生计策略选择的机理。研究发现：①自然资本、金融资本、人力资本和社会资本对务工主导型生计策略选择具有显著影响效应；自然资本、金融资本、人力资本对农业主导型生计策略选择具有显著影响效应；金融资本、人力资本和社会资本对非农经营型生计策略选择具有显著正向影响效应。②自然资本、金融资本、人力资本和社会资本对搬迁农户生计策略选择由农业主导型向务工主导型转化有显著影响，其中金融资本和人力资本是转化的关键因素；人力资本对搬迁农户生计策略选择由农业主导型向非农经营型转化有显著正向影响。据此提出完善后续服务、加大教育培训、有效利用土地资源、发展当地产业等差异化政策。[32]

宁静（2018）基于8省16个贫困县的易地扶贫搬迁监测的准实验研究，采用1 688个两轮微观农户调查的面板数据，利用 PSM－DID 实证检验了易地扶贫搬迁对农村家庭贫困脆弱性的影响。研究发现易地扶贫搬迁降低了农户的贫困脆弱性，这意味着易地扶贫搬迁是一种有效的扶贫手段，能够从根本上解决自然禀赋所导致的贫困。易地扶贫搬迁对贫困脆弱性的影响机制：①易地扶贫搬迁将农户搬离恶劣的自然禀赋区域，并改善与农户的生产生活密切相关的基础设施和公共服务设施等条件，使农户积累足够的生计资本，并改善其生计资本结构。②易地扶贫搬迁使生计方式发生转变，一方面实现农户收入来源的多样化，另一方面增加了住房和生活成本，并重构了社会网络关系。研究结论为易地扶贫搬迁政策效果评估提供了有理论价值和可操作的视角，也为后续扶贫搬迁工作提供了一些启示：①在生态环境恶劣的区域需要加大易地扶贫搬迁力度，从根本上破解自然禀赋的束缚。②强化搬迁的配套政策，保障搬迁农户生计得以改善，从而实现稳定脱贫。[33]

王君涵（2020）利用 8 省 16 县 2 176 户易地扶贫搬迁农户 3 期跟踪调查数据，通过 PSM - DID、Heckman 两阶段方法实证检验了易地扶贫搬迁对农户生计资本和生计策略的长期和短期影响，并采用多期 DID 等方法进行了稳健性检验。研究结果表明：①易地扶贫搬迁切实改善了农户的生计资本和生计策略，打破了原本由于制约性资源存量过低而无法跳出的贫困陷阱，使农户进入一个新的可持续生计循环中，即搬迁时间越长，生计资本积累越多。②易地扶贫搬迁在短期对家畜养殖有负向影响，对外出务工有正向影响；长期对农林种植有负向影响，对非农自营有正向影响。③对于搬迁后的农户而言，不同生计策略依赖不同的生计资本。农林种植依赖自然资本、物质资本、人力资本和金融资本，家畜养殖依赖物质资本和社会资本，外出务工依赖物质资本和人力资本，非农自营依赖人力资本和金融资本。根据研究结果，提出以下政策建议：一是短期应及时稳定保证房屋基建、水电气网、交通道路设施等物质资本的供给，并根据当地产业特色提供技能培训、工作获取等帮扶措施，切实保障搬迁人口的策略转变。二是长期应持续地通过教育、医疗卫生等措施增强其文化素养和健康水平，同时提供便利的金融服务与税收优惠政策，支撑搬迁人口非农策略的可持续发展，实现长期稳定的脱贫。[34]

（2）推动移民增收与权益保障研究。黄祖辉（2020）认为"易地搬迁"扶贫具有阻断贫困根源的内在逻辑，"易地搬迁"扶贫能高起点解决贫困问题，高效率配置公共资源，高强度转换产业格局。新阶段"易地搬迁"扶贫应把握五大关键，即高度重视规划谋划先行、利益权益保障、经济社会融入、公共服务效率和因地制宜推进。[35]

郭俊华（2019）研究了西北地区复杂的地理环境和庞大的贫困人口使易地移民搬迁的精准扶贫之路漫长而曲折，数量大而任务艰巨。通过总结西北地区近年来易地移民搬迁取得的成效，再从精准识别、区位环境、扶志扶智、资金整合使用、扶贫机制创新等不同角度分析了易地移民搬迁精准扶贫中存在的难点，提出提高贫困人口识别精准度、创新产业扶贫模式、优化项目供给等相应路径选择及建议。[36]

王蒙（2019）认为，我国易地扶贫搬迁即将全面进入工作目标为"稳得住""可致富""能发展"的后搬迁时代，工作目标的达致依赖长效减贫机制的建构。从社区营造视角并结合易地扶贫搬迁地方实践中的典型案例，研究认为通过社区营造推动移民安置社区从过渡型逐渐转变为发展共同体，是实现搬迁户长效减贫的可行路径。具言之，移民安置社区营造聚焦在三个层面：社区主体层面，营造社区多元主体并促进其积极参与社区发展与贫困治理，从而激发社区内部的组织化减贫动力；社会空间层面，营造制度空间、公共空间、生计空间等多维空间，在社区秩序、社会交往和保护性生计的营造中促进移民的社区融入与生计安全；社会关联层面，营造紧密利益关联并借助具体社会关系的"传帮带"，促进移民提升自我发展能力。通过"社区主体—社会空间—社会关联"三位一体的社区营造，移民安置社区的发展导向不仅是一种强化社区移民之间社会和心理联结的生活共同体，更是一种融入共同性的经济发展与能力建设的发展共同体。[37]

谢大伟等（2020，2021）提出深度贫困地区在易地扶贫搬迁后，依托产业园区、设施农业、新开发土地、特色资源等发展优势产业，可以采用"农户＋产业园＋农业""专业合作社＋基地＋农户""能人/大户＋基地＋农户""农户＋特色资源＋创业""土地开发＋农户＋特色农业""设施农业＋基地＋养殖业"的产业发展模式促进搬迁户脱贫增收。[38]

谢治菊（2020）认为，目前的易地扶贫搬迁社区面临着生计空间不足、服务空间压缩、心理空间断裂等困境，而 T 县易地扶贫搬迁后续管理大数据平台的建立，为有效缓解这些问题提供了保障。该平台利用其数据庞大、信息对称、追踪及时等优势，实现了社区就业帮扶的精准化、服务供给的精细化和心理服务的科学化，使社区的空间得以再生产。由于大数据在易地扶贫搬迁领域的应用在国内尚属首次，因此，当从空间再生产的角度探讨大数据驱动易地扶贫搬迁社区重构的逻辑与进路时，应更多从本土化的视角来思考空间再生产的困境、再生产空间的属性以及各再生产空间的协同问题。[39]

第三章
景宁县大搬快聚示范县创建实践

一、浙江省易地搬迁工作概况

（一）浙江省居民收入区域差异

浙江省作为我国东南沿海经济发达省份，扶贫工作走在全国前列，走出了一条让农民群众加快增收致富、富有浙江特色的扶贫开发之路。2015年浙江省在全国率先打赢脱贫攻坚战，全面消除家庭年人均收入 4 600 元以下绝对贫困现象，淳安等 26 个欠发达县（市、区）实现整体"摘帽"①。

---

① 浙江省政府依据经济发展状况划了 26 个加快发展县，分别是淳安县、永嘉县、平阳县、苍南县、文成县、泰顺县、武义县、磐安县、衢州市区（柯城区和衢江区）、江山市、常山县、开化县、龙游县、三门县、天台县、仙居县、丽水市区（莲都区）、龙泉市、青田县、云和县、庆元县、缙云县、遂昌县、松阳县以及景宁畲族自治县，其中景宁畲族自治县是华东地区唯一的少数民族自治县。

2017年全省低收入农户人均可支配收入达11 775元，圆满完成低收入农户收入倍增计划确定的目标任务。2018年9月，中共浙江省委、浙江省人民政府印发《低收入农户高水平全面小康计划（2018—2022）》，提出低收入农户收入年增幅保持在10%以上，并高于当地农村居民收入增长水平。到2022年，低收入农户最低收入水平达到年人均9 000元以上，有劳动力的低收入农户年人均收入水平达到18 000元；低收入农户的生活质量明显改善，住房、教育、医疗、社会保障等指标达到全面小康标准。

一方面，如图3-1和表3-1所示，2007年至2019年，浙江省农村居民人均可支配收入增长迅速，将近翻了两番；同时期，收入构成也发生了显著的变化。工资性收入所占比重由2007年的49.52%上升到2019年的61.86%，其中2016年达到峰值62.12%；转移性和财产性收入所占比重也有所上升，从2007年的9.07%上升到2019年的13.72%。经营性收入占比则明显下降，从2007年的41.4%下降到了2019年的24.42%，说明浙江全省农村居民人均可支配收入趋向多元化。

表3-1 浙江省农村居民人均可支配收入构成

单位：元

年份	工资性收入	经营性收入	转移性＋财产性收入	总收入
2007	4 093	3 422	750	8 265
2008	4 713	3 654	892	9 259
2009	5 195	3 788	1 025	10 008
2010	5 950	4 190	1 163	11 303
2011	6 878	4 872	1 320	13 070
2012	7 860	5 190	1 502	14 552
2013	8 577	5 757	1 772	16 106
2014	11 773	5 237	2 364	19 374
2015	13 087	5 364	2 674	21 125
2016	14 204	5 622	3 040	22 866

（续）

年份	工资性收入	经营性收入	转移性＋财产性收入	总收入
2017	15 457	6 112	3 387	24 956
2018	16 898	6 677	3 727	27 302
2019	18 480	7 296	4 100	29 876

数据来源：浙江省统计局官网。

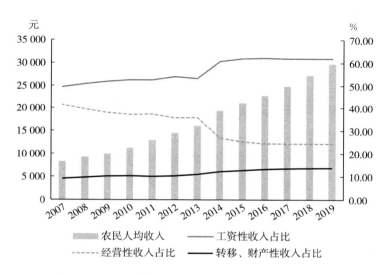

图 3-1　浙江省农村居民人均可支配收入构成变化趋势

数据来源：浙江省统计局官网。

　　另一方面，图 3-2 和图 3-3 显示了 26 个加快发展县（市、区）和其他县（市、区）的农村居民人均可支配收入的对比情况。从 2007年到 2019 年，浙江全省农村居民人均可支配收入年均增长率维持在10% 以上，但 26 个加快发展县域增速明显要高于其余县域。2007 年，其余县域农民人均可支配收入为 9 074.21 元，2019 年增长至 33 888.56元，增长了 2.73 倍；同期 26 个加快发展县农民收入由 2007 年的3 903.5 元增长至 2019 年的 22 375.56 元，增长了 4.73 倍；其余县域与加快发展县域农民人均可支配收入的差距由 2007 年的 2.32 倍缩小至2019 年的 1.51 倍，可见全省区域发展和居民收入进一步均衡化。

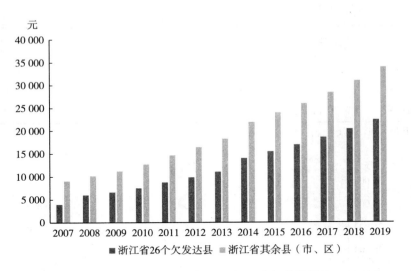

图 3-2　2007—2019 年浙江省 26 个加快发展县
与其余县市区农民人均收入水平对比

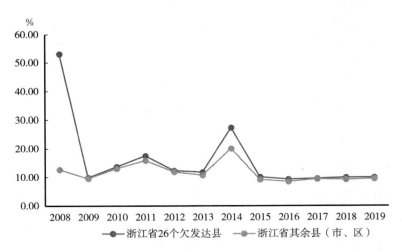

图 3-3　2007—2019 年浙江省 26 个加快发展县与其余县（市、区）收入增长率对比

（二）浙江省异地搬迁政策

异地搬迁是改善农民生产生活条件、促进农民增收致富的重要抓手，是优化城乡人口布局、实施新型城市化和乡村振兴战略的重要举

措，是践行绿水青山就是金山银山理念、推进生态文明建设的重要手段，是高水平全面建成小康社会的重要环节。浙江省高度重视异地搬迁工作，针对前期工作中暴露出来的尊重群众意愿不够充分、决策程序不够规范、搬迁过程不够稳妥、对群众搬迁后生产生活考虑不够周全等问题，2019 年 12 月印发《浙江省人民政府关于规范异地搬迁工作的通知》（浙政发〔2019〕28 号），对扶贫易地搬迁、地质灾害避让搬迁、城乡建设用地增减挂钩项目搬迁等不同类别搬迁实行部门归口管理和差异化补助政策；实行易地搬迁负面清单制度，要求在合法合规、合情合理前提下，进一步明确红线和底线，强化责任落实和追求，确保不损害农民群众利益。《通知》还对用地保障、资金支持、降低搬迁成本和改善搬迁农户生产生活做了规定。

浙江省农业农村厅、财政厅、自然资源厅、扶贫办公室等部门扎实做好扶贫异地搬迁资金保障工作。2019 年年初四部门印发《浙江省扶贫异地搬迁项目管理办法》（浙农专发〔2019〕13 号）。《管理办法》要求按照"政府引导、农民自愿，整体规划、分步实施，灵活安置、确保稳定"的原则，有计划、有步骤地组织实施扶贫异地搬迁，确保农民"搬得出、稳得住、富得起"。《管理办法》对搬迁方式、安置方式做了明确规定，"行政村或自然村实现 80％以上人口搬迁的，10 户以下自然村未搬迁农户少于 2 户（含）的，可认定为整村搬迁"。《管理办法》还对资金补助标准做了规定，"省财政厅对有关县（市、区）扶贫异地搬迁补助资金按人均 15 000 元标准进行结算，其中直接补助给搬迁农户不少于 8 400 元，其余部分可由县（市、区）统筹用于安置小区（点）的基础设施和建设。省级补助标准根据工作实际、资金绩效和财力情况适时调整"。2019 年度，浙江省财政专项扶贫资金补助 26 个加快发展县和金华市婺城区、兰溪市、台州市黄岩区、温州市洞头区共 37 957 万元；2020 年度，浙江省财政专项扶贫资金补助 26 个加快发展县和金华市婺城区、兰溪市和台州市黄岩区共 60 397 万元。2020 年 9 月，浙江省自然资源厅根据扶贫异地搬迁计划和项目，按 80 平方米/人限额标准下达扶贫异地搬迁新增建设用地计划指标，其中丽水市 2 400 亩[*]（包含景宁县 240 亩）。

（三）本节小结

本节考察了 2007 年以来浙江省农村居民可支配收入增长情况，比较了 26 个加快发展县域与全省其他县域农民人均收入水平和增长趋势；梳理了近年来浙江省异地搬迁政策、项目管理办法和省财政专项扶贫资金下拨情况。

二、丽水市易地搬迁情况概述

（一）丽水市经济发展状况

丽水市，地处浙江省西南部，下辖莲都区（市政府驻地）和缙云县、青田县、龙泉市、云和县、遂昌县、庆元县、松阳县、景宁县。地势以中山、丘陵地貌为主，辖区内有海拔 1 000 米以上山峰 3 573 座，其中龙泉市凤阳山黄茅尖和庆元县百山祖分别为浙江省第一、第二高峰，2015 年获评首批国家级生态保护与建设示范区，2017 年获全国文明城市称号。2020 年丽水市实现地区生产总值 1 540.02 亿元，同比增长 3.4%；户籍人口 270.74 万人，其中城镇人口 92.02 万人，乡村人口 178.72 万人。丽水区位相对偏僻，离长三角、杭州湾经济中心城市相对较远，物流成本较高，2015 年高铁开通之前基础设施短板更加突出，全域 9 个县（市、区）均被纳入 26 个加快发展县。因此，丽水市异地搬迁工作对全省具有典型的借鉴意义。

（二）丽水市"大搬快聚富民安居"工程概述

2018 年 9 月，中共丽水市委、丽水市政府印发《关于全面实施

---

[*] 亩为非法定计量单位，1 亩＝1/15 公顷。

"大搬快聚富民安居"工程的指导意见》（丽委发〔2018〕29 号），决定在未来 5 年以更大决心、更大力度、更大范围、更大规模实施"大搬快聚富民安居"工程，重点搬迁气象灾害易发和地质灾害潜在隐患的区域、生态保护和水源敏感脆弱的区域、村庄规划布局需要调整等其他区域以及高山远山和人口数量偏少、农房布局分散、公共资源共享率偏低、产业发展困难的区域。2018—2022 年，全市计划完成农民搬迁 15 万人以上，其中 2018 年至 2019 年确保 3 万人以上。《指导意见》根据"入城（县城）、入区（工业园区、旅游景区）、入镇（中心镇、特色小镇）"和"城市化标准、公寓式小区"的总体要求，提出了集中安置、货币安置、兜底安置、飞地安置和其他安置方式。

　　为落实"大搬快聚富民安居"工程，丽水市出台了示范县评价办法（丽大搬快聚指〔2019〕1 号），实行周期为 2019 年至 2023 年，发布了历年指导性搬迁人数（表 3-2）。原则上每年确定 3 个"大搬快聚富民安居"工程示范县；在施行周期内，各县（市、区）可重复被确定为年

表 3-2　丽水市"大搬快聚富民安居"工程指导性

搬迁人数表（2019—2023 年）

行政区域	指导性搬迁总人数（万人）	2019 年指导性搬迁人数（万人）	2020 年指导性搬迁人数（万人）	2021 年指导性搬迁人数（万人）	2022 年指导性搬迁人数（万人）	2023 年指导性搬迁人数（万人）
全市	15	3	2	2.5	4	3.5
莲都区	1.9	0.38	0.25	0.32	0.51	0.44
龙泉市	2	0.4	0.27	0.33	0.53	0.47
青田县	2	0.4	0.27	0.33	0.53	0.47
云和县	0.6	0.12	0.08	0.10	0.16	0.14
庆元县	2	0.4	0.27	0.33	0.53	0.47
缙云县	1.8	0.36	0.24	0.30	0.48	0.42
遂昌县	1.6	0.32	0.21	0.27	0.43	0.37
松阳县	1.6	0.32	0.21	0.27	0.43	0.37
景宁县	1.5	0.3	0.20	0.25	0.40	0.35

度示范县，重复享受奖补政策，每个示范县奖补资金 300 万元。制定了《丽水市"大搬快聚富民安居"工程示范县评价表》，采用 100 分制，主要围绕组织政策保障、搬迁工作、安置工作、就业创业培训、信息宣传、日常工作推进 6 大类设计了土地保障、指导性搬迁人数、聚焦主题特色等 19 项指标的得分项（表 3-3）。丽水市"大搬快聚富民安居"工程指挥部组织督查组，对各县（市、区）组织保障、搬迁对象、金融支持、安置小区（点）建设、就业培训情况等工作内容按季度进行督查，并形成督查通报材料，总结各县（市、区）亮点特色工作、存在的困难与问题，以及下一步工作思路和整改措施。

表 3-3　丽水市"大搬快聚富民安居"工程示范县评价表

工作项目		项目内容	标准分	评分依据
一、组织政策保障（标准分 12 分）	①组织保障	建立组织，保障到位，推动工作落实。充分发挥乡村党组织的主导协调作用和党员的先锋模范作用	2 分	
	②实施意见	制定出台《全面推进"大搬快聚富民安居"工程实施意见》，报市指挥部办公室备案；各县（市、区）要明确搬迁重点范围，细化搬迁方式、分类补助及制定搬迁人数的认定标准	2 分	实施意见电子文本
	③规划编制	编制"大搬快聚富民安居"工程规划。实施全域土地综合整治与生态修复工程，做好与土地利用总体规划、县（市）域总体规划、中心镇总体规划、县域乡村建设规划、百乡整治规划等规划的配套衔接，与国家级传统村落保护、困难群众危旧房改造相结合	2 分	规划编制电子文本等
	④土地保障	优先保障安置小区（点）的土地指标，并启动征迁工作	2 分	土地政策电子文本等

（续）

工作项目		项目内容	标准分	评分依据
	⑤金融支持	①以各县（市、区）商业银行为"大搬快聚富民安居"工程搬迁农户提供购房贷款的年度新增贷款户数占年度搬迁农户户数比例（0.5分）、年度新增贷款额占年度总投资额比例（0.5分）积分 ②将各县（市、区）商业银行支持"大搬快聚富民安居"工程纳入金融支持地方经济发展业绩考核（0.5分），制定出台针对低收入农户搬迁住房贷款的贴息政策（0.5分）	2分	专项贷款累计投放量、本年度新增贷款量佐证材料；抽样调查；搬迁农民信贷需求统计及后继授信贷款跟踪
	⑥信访维稳	在"大搬快聚富民安居"工程工作中引发的异常上访、群体性事件、重大安全事故等，处理不力，造成重大社会影响的，酌情扣分	2分	
二、搬迁工作（标准分45分）	⑦指导性搬迁人数	按照市"大搬快聚富民安居"工程指挥部办公室下达的指导性搬迁人数计分，百分比每少一个点扣2分。其中整村搬迁人数需达到50%以上，未达到比例的按顺序酌情扣分	45分	以县（市、区）提供的搬迁人数及整村搬迁人数花名册为准，抽样调查
三、安置工作（标准分10分）	⑧建设进度	①按照2019—2023年总搬迁指导人数谋划五年安置项目（1分） ②年度安置项目建设规划，包括飞地安置、公寓安置等安置项目（开工时间、房屋结顶时间、验收时间、交房时间），结合年度开工项目数量、投资额考核（2分）	3分	现场照片、现场调研等
	⑨安置人（户）数	按照年度上报的安置项目任务数考核	2.5分	人数、户数花名册，抽样调查
	⑩社会管理提升	①按照"同城同待遇"要求，搬迁农民纳入城市教育、社保、医疗体系 ②基层党组织及时组建和调整 （3）新属地的社会综治"四平台一中心"主动对接服务	2分	搬迁农民培训、就业花名册、电话抽查、现场抽查、现场调研等

（续）

工作项目		项目内容	标准分	评分依据
	⑪建设幸福社区	①安置小区（点）配套水、电、路、通信等设施，并完善相关公共服务设施 ②规划安排集体物业、来料加工、电子商务等用房；县域统筹配套建设一定比例的小户型商品房、公租房、廉租房，用于安置困难农户 ③符合集中供养的对象，要妥善安置到敬老院或残疾人托安养中心	2.5分	纳入当地民政幸福社区创建工程
	⑫培训人次	根据年度搬迁人数和就业人数比例考核	2分	培训照片、班次及名单等
四、就业创业培训（标准分10分）	⑬新增就业人数	根据年度搬迁人数和就业人数比例考核，确保有劳动意愿、劳动力的低收入搬迁农户家庭至少有1人就业	2分	现场调研、现场照片、统计数据等
	⑭创业情况	①聚焦"聚"经济品牌建设，紧密联系丽水山耕、丽水山居两大品牌，加快各县（市、区）营销网络建设，加快开发各地特色农产品、民宿等，使乡村闲置土地、农产品增值 ②安置小区（点）规划安排物业、来料加工、电子商务等富民产业项目用房，打造"大搬快聚富民安居"工程创业孵化基地	6分	提供案例、培训现场照片、培训、就业人员花名册等
五、信息宣传（标准分8分）	⑮聚集特色主题	打造旗帜鲜明感召力强的"大搬快聚富民安居"工程品牌形象。围绕解危除险（安置）及一带三区目标打造大搬快聚的县域模式，明确每个县（市、区）"大搬快聚富民安居"工程的创新探索方向。当地县级媒体围绕主题报道1篇得0.2分	1分	工作、宣传台账等

（续）

工作项目		项目内容	标准分	评分依据
五、信息宣传（标准分8分）	⑮聚集特色主题	对"大搬快聚富民安居"工程的"小县大城"模式、解危除险（安置）模式、打造幸福社区模式、打造众创空间模式等创新驱动的"金钥匙"进行了理论及实践层面的探索，创新发展两山文化艺术转化中心等"聚"时代社区文化创新手段。模式经验在市级以上党委、政府主办的理论性刊物（版面）上刊发，每篇得0.5分	1分	现场照片、现场调研、理论成果等
	⑯日常信息报送工作	"大搬快聚富民安居"工程融媒体平台（工作简报、期刊、书籍、组织的媒体采风活动组稿）录用。每录用一篇加0.15分（累计），最高不超过3分	3分	"市大搬快聚"办主办的简报、期刊、书籍等平台录用统计为准
	⑰主流媒体聚焦	先进典型经验在《人民日报》《新华社》或中央电视台公开刊播的，每篇加1.5分；作为先进典型经验在《浙江日报》、浙江广播电视总台《新闻联播》上刊播的，每篇加1分；作为先进典型经验在《丽水日报》头版、丽水电视台新闻综合频道《丽水新闻》头条上刊播的，每篇加0.5分。最高不超过1.5分	1.5分	媒体刊发特色工作截图
	⑱上级肯定、批示	作为先进典型经验被中央领导批示的，每篇加1.5分；受到中央、国家部委或省委、省政府文件表彰的，被收入省委全会，被省委、省政府主要领导批示的，每篇加1分；受到省委、省政府办公厅或其他省级部门文件表彰等，作为先进典型经验被市委、市政府主要领导批示的或省级部门主要领导批示的，每篇加0.5分。最高不超过1.5分	1.5分	表彰、批示件复印件或扫描件等

（续）

工作项目		项目内容	标准分	评分依据
六、日常工作推进（10分）	⑲通报督查	工作进度报送（月报表及月工作小结）3分，一次未按时报送扣0.5分。工作实行月通报排名（2分），按排名酌情打分	5分	月通报表
	⑳督查通报	季督查发现问题，酌情扣分	5分	
综合评价（标准分5分）	市"大搬快聚富民安居"工程指挥部办公室	市领导、市直机关部门对各县（市、区）进行综合评价	5分	民主打分
小计			100分	

注：2020年10月，丽水市"大搬快聚富民安居"工程指挥部对部分指标进行了调整，具体如下：①组织政策保障中"组织保障""实施意见"两项由于2019年已经完成，2020年不再列入评分项；②增加组织党建评分项（标准分2分），项目内容为充分发挥乡村党组织的主导协调作用和党员的先锋模范作用；增加数字化平台建设评分项（标准分2分），项目内容为推进"大搬快聚富民安居"工程数字化平台建设。③搬迁工作（标准分45分）改为搬迁工作（标准分45分，其中"5分/国家公园创建"）。"5分/国家公园创建"专指龙泉、庆元、景宁三县（市）百山祖国家公园创建考核评分。项目内容为按照市"大搬快聚富民安居"工程指挥部办公室下达的指导性搬迁人数计，百分比每少一个点扣2分。其中整村搬迁人数需达到50%以上，未达到比例的按排序酌情扣分。龙泉市、庆元县、景宁县按百山祖国家公园创建的任务要求完成生态移民搬迁。

从《丽水市"大搬快聚富民安居"工程示范县评价表》可以看出，在很大程度上，"大搬快聚富民安居"工程是推进各项工作的"牛鼻子"。无论是完善城市空间布局，合理推进城镇化和市民化，丰富公共产品均等化供给，还是健全市场体系，完善综合治理，提升人力资本，改善民生就业，都具有重要的现实意义。通过实施"大搬快聚富民安居"工程，为丽水市乡村振兴、与浙江省其他地区一道建设共同富裕示范区乃至高水平全面建成小康社会打下坚实的基础。

（三）丽水市"大搬快聚富民安居"工程工作成效

从总体上看，丽水市"大搬快聚富民安居"工程推进迅速，措施有力。根据有关督查通报数据，截至2019年9月30日，全市已经完成10 659户28 866人的搬迁，新建安置小区22个、安置点8个，完成投资23.9亿元，实现培训人次6 340人次、就业4 727人，各项核心指标数据接近完成2019年度全年任务。截至2020年11月30日，全市共搬迁10 113户29 089人，完成2020年度搬迁任务的96.96%。

在实际操作中，各县（市、区）涌现出一些亮点工作。主要体现在：

（1）工作机制不断畅通。遂昌县通过建立财政保障机制、房源保障机制、"大搬快聚"一件事联办机制，强化"大搬快聚"工作资金支持力度和安置项目建设效率，充分调动了农户搬迁积极性，进一步加强了部门与乡镇（街道）的深度协同，实现农民进城"最多跑一次"。青田县积极理顺工作机制，进一步加强了部门合作，集中精力完成了项目融资工作，获得基准利率下浮10%、总金额达到19亿元的贷款，为"大搬快聚富民安居"工程的深入推进提供了资金保障。庆元县深化落实民情议事会制度，及时处理解决难点热点问题，使许多问题化解在萌芽状态，不断增强搬迁群众参与社区治理的积极性和主动性，社区矛盾纠纷较2018年下降幅度达60%以上。

（2）政策体系不断优化。云和县针对历史遗留问题和工作推进实际，先后出台了《整村搬迁认定办法》《复垦对象旧房拆除认定办法》《公寓安置选房申购工作方案》《项目与资金管理办法》《聚廉租房管理办法》等一系列配套政策，形成了完整的政策体系，为"大搬快聚"工作推进提供了政策保障。缙云县为有效解决在工作推进中遇到的实际问题，组织人员到搬迁村开展实地调查，在分类汇总反馈问题的基础上，抓住群众关注的核心要点，具体问题具体分析，研究讨论出台补充意见。龙泉市针对搬迁对象资格审核共性难题，制定印发相关补充细则，进一步明确了搬迁人员资格认定的审核标准。松阳县根据工作实际，先后五次优化异地搬迁扶持政策，逐步提高对搬迁农户的资金补助标准，吸引更多农户搬迁。景宁县针对原低收入农户和非低收入农户存在相同政策补助标准的情况制定了补充意见。

（3）金融服务不断完善。缙云县推动金融机构积极开展搬迁户住房贷款惠农业务，鼓励搬迁户享受相关贷款政策，并通过完善村级扶贫资金互助社，发放扶贫小额贷款，为搬迁户的持续发展提供便捷有力的资金支持，有效缓解了搬迁户生产生活压力。莲都区针对有购（建）房贷款需求的低收入农户，按照"3%的年利率进行贷款，额度不高于10万元，贴息时间不超过5年"的小额信贷贴息政策进行金融帮扶。景宁县针对有建房困难与搬迁后发展产业有资金需求的群众，实施农户普惠贷款和低收入农户贴息贷款（政银保）。松阳县推行农户联保贷款、住房按揭贷款等多种信贷形式，帮助搬迁农户解决资金难题。

（4）争取最优政策补助。遂昌县立足城镇聚集发展大局，政策补助力度很大，一家三口最高累计可领取61.7万元；莲都区从搬迁群众利益出发，基于不同时间不同地段区域内公寓安置共同的利益基点推动快聚工作，人均补助力度达到14万元。

（5）拿出最优地块落地。青田县克服山多地少的劣势，围绕东西部发展潜力优的区块布局安置小区（点），毗邻丽水的腊口区块，与房地产开发公司联合打造青田东部区域的搬迁集聚区；毗邻温州的东方首府区域建设配套设施完备、就业创业条件优越的安置区块。缙云县依托新碧工业园区、壶镇工业园区谋划新碧、壶镇两个安置小区，计划投资10多亿元，每个安置小区安置搬迁农户可达到4 000人。

（6）探索最优模式。围绕解危除险、小县大城、众创空间、幸福社区四个维度，龙泉在全市率先出台政策，最早探索先安置后拆迁的解危除险模式；庆元县着眼发挥安置小区规模效应，建成全市最大的安置小区"万人小区"；云和县着眼"以房等人"推动农民"带权进城"。松阳县创新搬迁农户"双向管理"机制，在安置小区探索搬迁农户迁出地和迁入地双重管理、双向服务制度，并依托松古平原产业发展搬迁农民众创空间，确保搬迁农民"富得起"。

（四）本节小结

本节介绍了丽水市经济发展状况和实施"大搬快聚富民安居"工程的背景，梳理了丽水市实施"大搬快聚富民安居"工程的主要指导政策、工作总目标、年度搬迁人数和实施方案；通过《丽水市"大搬快聚富民安居"工程示范县评价表》，重点介绍了工程具体实施内容。

本节也阐述了丽水市"大搬快聚富民安居"工程整体实施概况和工作成效，概括了各县（市、区）在实际操作中涌现出来的一些亮点工作。

三、景宁县大搬快聚示范县创建过程

（一）景宁经济社会发展概述

景宁是华东地区唯一的少数民族自治县，也是浙江省 26 个加快发展县之一，2020 年全县实现地区生产总值 74.76 亿元，在全省 90 个区（县、市）中排在末位。全县有城镇人口 3.4 万人，乡村人口 13.55 万人；城镇常住居民人均可支配收入 41 735 元，比 2019 年增长 4.3%；农村常住居民人均可支配收入 21 625 元，比 2019 年增长 8.1%；低收入农户人均可支配收入 12 857 元，比 2019 年增长 14.5%。

景宁也是个典型的山区县，地势由西南向东北渐倾，构成"九山半水半分田"和"两山夹一水，众壑闹飞流"的地貌格局。境内海拔高低悬殊，全县海拔千米以上的山峰 779 座，其中 1 500 米以上的山峰有 10 座，最高峰为大漈上山头，海拔 1 689 米，坡度 25 度以下的山地仅占全县面积的 8.28%，山多地少，环境相对封闭，远离政治经济核心地带，广大农村居民"依山而筑，傍山而居"。景宁人口密度为 87.4 人/平方千米，为丽水市人口密度最低的县，从这个角度也体现出了实施"大搬快聚工程"的必要性。

（二）景宁县"大搬快聚富民安居"工程实施情况

近年来，景宁县委、县政府一直把农民异地搬迁作为扶贫开发的头号工程，利用异地搬迁这项富民政策推动新型城镇化，通过"百村避险工程""万名农民异地转移工程""农民异地搬迁工程""大搬快治工程""大搬快聚工程"，以"搬得下、住得美、富得起"为总目标全力组织群众实施异地搬迁。通过多年的异地搬迁、大搬快治工作，共搬迁 291 个自然村，全县自然村数从 1 057 个减少为 866 个，搬迁群众 5 969 户 19 973 人。2019 年，根据全市"大搬快聚富民安居"工程工作部署，景宁县委、县政府更是从更高的层面、更宽的领域谋划搬迁这项扶贫开发的头号工程。针对边远山区村庄凋敝、人口大量外流的实际，推进新型城镇化，推动农村人口和生产力二次布局，促进农村人口有序集聚。快速行动，扎实推进搬迁工作，第一时间出台政策、第一时间启动搬迁、第一时间推进建房、第一时间组织拆房，在完成搬迁后，全面组织就业创业培训及金融扶持，确保"搬得下、稳得住、富得起"。

2019 年 4 月 25 日，景宁县委、县政府印发《关于全面实施"大搬快聚富民安居"工程的指导意见》（景委发〔2019〕17 号），根据上级政策精神，结合自身情况，规定了实施大搬快聚的总体要求、基本原则、主要目标、搬迁范围、搬迁对象、搬迁类型和安置方式等重要内容。《指导意见》规定了补助资金实行先搬后补、分安置方式差额补助。直接补助标准为：①县城区县级安置小区公寓房安置。补助标准 8 000 元/人。②乡镇（街道）统一规划安置小区安置。县城规划区范围内统一规划安置小区直房自建补助标准 12 600 元/人，县城规划区范围外统一规划安置小区直房自建补助标准 20 000 元/人。集中统规联建农民公寓的，再给予 15 000 元/人补助。③县城购商品房安置。在景宁县城规划区范围内购买商品房（含二手商品房）补助标准 30 000 元/人，县外购买商品房（含二手商品房）补助标准 15 000 元/人。④乡镇廉租房安置。补助标准 15 000 元/人。⑤房租拆除补助。在大搬快聚富民安居工程实施年度内，实施对象必须拆除老房，旧宅拆除后进行建设用地复垦，在房屋拆除验收通过后，按标准给予搬迁户房屋拆除补助。拆除补助按拆除后房屋占地面积计算，补助标准为 100 元/平方米（含附属用房）。⑥少数民族群众补助。根据景委发〔2014〕16 号文件每人增加 6 500 元补助。

2019 年 5 月 30 日，景宁县委办、县政府办印发《低收入农户高水平全面小康计划（2018—2022 年）》，提出目标任务："低收入农户收入年增幅保持在10%以上，并高于全县农村居民收入增长水平。到2022年，低收入农户最低收入达到年人均9 000元以上，有劳动力的低收入农户年人均收入达到18 000元；社会保障水平显著提高，国家有关脱贫攻坚的社会保险、社会救助、社会福利等社会保障政策覆盖到所有低收入农户，做到应保尽保、应补尽补，确保不出现绝对贫困现象；低收入农户的生活质量明显改善，住房、教育、医疗、社会保障等指标达到全面小康标准；村级集体经济稳步增长，重点帮扶村集体经济年收入达到15万元以上。"全面小康计划还提出了"产业扶贫行动""大搬快聚行动""就业扶贫行动""产权改革行动""金融扶贫行动""教育扶贫行动""健康扶贫行动""网络扶贫行动""基础设施扶贫行动""科技扶贫行动""乡村旅游扶贫行动""文化扶贫行动""扶志教育行动"等重大举措，并落实具体责任部门。

2020年5月，景宁县出台方案组织国家公园范围内村庄搬迁工作（景大搬快聚办〔2020〕7号）。国家公园范围内搬迁群众可自愿选择县城购买商品房安置、县级安置小区（创业园）公寓安置。在2020年6月30日之前，优先全县其他乡镇搬迁对象在创业园安置。建房方式为统一规划设计后农户联建公寓。公寓统一规划设计为5+1层，安置户型1～2人户为小户型约90平方米、3～4人户为中户型约120平方米、5～6人户为大户型约140平方米。县城购买商品房安置补助标准为县内购买商品房30 000元/人，县外购买商品房安置15 000元/人；县级安置小区（创业园）公寓安置8 000元/人。2020年6月30日优先安置时间内自愿申请搬迁完成资格审核并腾空老房的搬迁对象，给予19 600元/人的搬迁奖励。

（三）景宁县"大搬快聚富民安居"工程工作成效

在"大搬快聚富民安居"工程实施过程中，景宁县制定《实施细则》，多次召开全县"大搬快聚富民安居"工作推进培训会，并积极申请、下拨财政资金补助，加强县、乡、村组织领导，取得突出成效。

2019年，景宁县共组织实施搬迁991户3 259人，其中整村20个自然村 616 户 1 888 人，整村搬迁比例 58%，完成市搬迁指导计划任务数的 109%；低收入群众搬迁 187 人，少数民族群众 390 人；下达搬迁直补资金 8 130.22 万元（12 月份发放搬迁群众"过年红包" 2 854.58 万元）；完成老房测绘及拆除 76 786 平方米，宅基地复垦面积 102 亩；组织搬迁群众就业创业产业培训 22 批次 1 103 人次，搬迁群众就业 1 520 人，户均就业 1.53 人以上；银行扶持搬迁安置小区建设项目贷款 78 000 万元，搬迁群众购建房金融贷款 59 户 1 171 万元，财政安排小区基础设施项目建设 3 993.5 万元。

2020 年完成搬迁、安置、拆除老房 923 户 3 098 人，其中整村搬迁 35 个村 689 户 2 279 人，整村搬迁比例 74%；其中少数民族群众 845 人，低收入农户 91 人；下达三批搬迁补助资金共计 5 197.05 万元（其中省补资金 2 399.82 万、县财政配套 1 064.81 万、融资 1 732.42 万）；拆除老房 93 372.22 平方米；宅基地复垦 138.5 亩；搬迁培训人员 910 人，搬迁人员就业 1 240 人，其中低收入农户就业 29 人，低收入农户户均就业 1 人以上。表 3-4 总结了 2020 年景宁县"大搬快聚富民安居"工程落实情况。

表 3-4　景宁县"大搬快聚富民安居"工程示范县评价表

工作项目		项目内容	标准分	评分依据	完成情况
一、组织政策保障（标准分 10 分）	①组织党建	充分发挥乡村党组织的主导协调作用和党员的先锋模范作用	2 分		在进村入户宣传、搬迁资格审核、搬迁房屋拆除、搬迁补助发放等过程中，充分发挥乡村党组织的主导协调作用和乡村两级党员干部先锋模范作用。乡镇分管、业务人员、驻村干部、村两委干部等都能熟练掌握大搬快聚业务工作，充当搬迁政策的宣传者、搬迁安置的服务者、搬迁安置的示范者，形成了人人懂业务、个个是专家的新工作局面

（续）

工作项目		项目内容	标准分	评分依据	完成情况
一、组织政策保障（标准分10分）	②规划编制	编制"大搬快聚富民安居"工程规划。实施全域土地综合整治与生态修复工程，做好与土地利用总体规划、县（市）域总体规划、中心镇总体规划、县域乡村建设规划、百乡整治规划等规划的配套衔接，与国家级传统村落保护、困难群众危旧房改造相结合	2分	规划编制电子文本等	搬迁规划文本，5年规划搬迁274个自然村6 709户20 374人
	③土地保障	优先保障安置小区（点）的土地指标，并启动征迁工作	2分	土地政策电子文本等	①2020年新启动立项小区5个并已完成供地②下达安置小区基础设施建设项目计划三批下达建设资金5 993.03万元，其中土地成本费、小区前期费用计划1 249万元③全年拆除搬迁后群众老房93 372.22平方米④ 土地综合整治138.5亩
	④金融支持	①以各县（市、区）商业银行为"大搬快聚富民安居"工程搬迁农户提供购房贷款的年度新增贷款户数占年度搬迁农户户数比例（0.5分）、年度新增贷款额占年度总投资额比例（0.5分）积分②将各县（市、区）商业银行支持"大搬快聚富民安居"工程纳入金融支持地方经济发展业绩考核（0.5分），制定出台针对低收入农户搬迁住房贷款的贴息政策（0.5分）	2分	专项贷款累计投放量、本年度新增贷款量佐证材料；抽样调查；搬迁农民信贷需求统计及后继授信贷款跟踪	①获批低息贷款7亿元，第一、第二批融资资金2 350万元已发放到户②安置小区建设向建设银行贷款7.8亿元③针对有建房困难与搬迁后发展产业有资金需求的群众，实施农户普惠贷款和低收入农户贴息贷款（政银保）。全年政银保低收入农户贴息贷款1 684户9 822万元；银行为大搬快聚搬迁群众购建房贷款164户，贷款余额4 623万元④为大搬快聚搬迁群众推出专项普惠贷款产品，贷款额度50万元可循环

（续）

工作项目		项目内容	标准分	评分依据	完成情况
一、组织政策保障（标准分10分）	⑤信访维稳	在"大搬快聚富民安居"工程工作中引发的异常上访、群体性事件、重大安全事故等，处理不力，造成重大社会影响的，酌情扣分	2分		无异常上访、群体性事件、重大安全事故
二、搬迁工作（标准分45分，其中5分/国家公园创建）	⑥指导性搬迁人数	按照市"大搬快聚富民安居"工程指挥部办公室下达的指导性搬迁人数计分，百分比每少一个点扣2分。其中整村搬迁人数需达到50%以上，未达到比例的按顺序酌情扣分。龙泉市、庆元县、景宁县按百山祖国家公园创建的任务完成生态移民搬迁	45分	以县（市、区）提供的搬迁人数及整村搬迁人数花名册为准，抽样调查	①完成搬迁923户3 098人（完成指导计划的103%；整村搬迁35个村689户2 279人，比例74%）②国家公园实施搬迁149户458人，搬迁比例达91%（121户369人为2020年新签约搬迁群众，安置地为创业园9号地块）。国家公园搬迁群众老房测绘面积11 322平方米 ③下达搬迁补助资金文件三批5 197.05万元
三、安置工作（标准分10分）	⑦建设进度	①按照2019—2023年总搬迁指导人数谋划五年安置项目（1分）②年度安置项目建设规划，包括飞地安置、公寓安置等安置项目（开工时间、房屋结顶时间、验收时间、交房时间），结合年度开工项目数量、投资额考核（2分）	3分	现场照片、现场调研等	①五年搬迁规划发文 ②安置小区总体规划，县域内新建19个、续扩建5个安置小区 ③2020年下达安置小区基础设施建设项目计划3批，下达建设资金5 993.03万元
	⑧安置人（户）数	按照年度上报的安置项目任务数考核	2.5分	人数、户数花名册，抽样调查	搬迁安置923户3 098人，其中小区安置2 219人，县城购买商品房安置879人，附搬迁补助资金文件，搬迁安置花名册
	⑨社会管理提升	①按照"同城同待遇"要求，搬迁农民纳入城市教育、社保、医疗体系 ②基层党组织及时组建和调整 ③新属地的社会综治"四平台一中心"主动对接服务	2分	搬迁农民培训、就业花名册、电话抽查、现场抽查、现场调研等	完成培训910人 搬迁对象就业1 240人 附培训就业资料

（续）

工作项目		项目内容	标准分	评分依据	完成情况
三、安置工作（标准分10分）	⑩建设幸福社区	①安置小区（点）配套水、电、路、通信等设施，并完善相关公共服务设施 ②规划安排集体物业、来料加工、电子商务等用房；县域统筹配套建设一定比例的小户型商品房、公租房、廉租房，用于安置困难农户 ③符合集中供养的对象，要妥善安置到敬老院或残疾人托安养中心	2.5分	纳入当地民政幸福社区创建工程	①下达2020年安置小区基础设施建设项目3批共计5 993.03万元 ②在大均、鸬鹚等7个乡镇建设安置廉租房132套 ③打造创业园集聚平台
四、就业创业培训（标准分10分）	⑪培训人次	根据年度搬迁人数和就业人数比例考核	2分	培训照片、班次及名单等	培训花名册及资料910人
	⑫新增就业人数	根据年度搬迁人数和就业人数比例考核，确保有劳动意愿、劳动力的低收入搬迁农户家庭至少有1人就业	2分	现场调研、现场照片、统计数据等	就业花名册1 240人
	⑬创业情况	①聚焦"聚"经济品牌建设，紧密联系丽水山耕、丽水山居两大品牌，加快各县（市、区）营销网络建设，加快开发各地特色农产品、民宿等，使乡村闲置土地、农产品增值 ②安置小区（点）规划安排及物业、来料加工、电子商务等富民产业项目用房，打造"大搬快聚富民安居"工程创业孵化基地	6分	提供案例、培训现场照片、培训、就业人员花名册等	①推进"景宁600"地域农产品品牌，建成生态基地7万多亩，全县民族村新增农业产业示范基地8 563亩，70%的民族村以茶叶为主要产业，助力打造环敕木山一带"惠明茶叶村"等专业村和产业带 ②培育创业就业平台，通过引进劳动密集型企业、发展农村电商、来料加工进小区等措施，满足搬迁群众就业创业需求 ③农民创业园引进企业26家，提供就业岗位800个

（续）

工作项目		项目内容	标准分	评分依据	完成情况
五、信息宣传（标准分10分）	⑭聚集特色主题	打造旗帜鲜明、感召力强的"大搬快聚富民安居"工程品牌形象。围绕解危除险（安置）及一带三区目标打造大搬快聚的县域模式，明确每个县（市、区）"大搬快聚富民安居"工程的创新探索方向。当地县级媒体围绕主题报道1篇得0.2分	1分	工作、宣传台账等	①信息汇编 ②县融媒体11篇 ③县政府网13篇 ④县公众号9篇
		对"大搬快聚富民安居"工程的"小县大城"模式"解危除险（安置）"模式、打造"幸福社区"模式、打造"众创空间"模式等创新驱动的"金钥匙"进行了理论及实践层面的探索，创新发展两山文化艺术转化中心等"聚"时代社区文化创新手段。模式经验在市级以上党委、政府主办的理论性刊物（版面）上刊发，每篇得0.5分	1分	现场照片、现场调研、理论成果等	①丽水两山学院《异地搬迁县域搬迁模式》一书 ②调研文章
	⑮日常信息报送工作	"大搬快聚富民安居"工程融媒体平台（工作简报、期刊、书籍、组织的媒体采风活动组稿）录用。每录用一篇加0.15分（累计），最高不超过3分	3分	"市大搬快聚"办主办的简报、期刊、书籍等平台录用统计为准	信息汇编，除省市县发布外，上报市拼图信息44篇
	⑯主流媒体聚焦	先进典型经验在《人民日报》《新华社》或中央电视台公开刊播的，每篇加1.5分；作为先进典型经验在《浙江日报》、浙江广播电视总台《新闻联播》上刊播的，每篇加1分；作为先进典型经验在《丽水日报》头版、丽水电视台新闻综合频道《丽水新闻》头条上刊播的，每篇加0.5分。最高不超过1.5分	1.5分	媒体刊发特色工作截图	信息汇编 ①新华社2篇 ②学习强国2篇 ③人民网1篇 ④浙江新闻4篇 ⑤浙江发布1篇 ⑥丽水日报2篇 ⑦处州晚报1篇 ⑧丽水网4篇

（续）

工作项目		项目内容	标准分	评分依据	完成情况
五、信息宣传（标准分10分）	⑰数字化平台建设	按计划推进"大搬快聚富民安居"工程数字化平台建设	2分		与丽水学院合作，建设景宁大搬快聚富民安居工程数字化管理系统，对搬迁人员信息和小区安置项目建立数据库进行系统管理
	⑱上级肯定、批示	作为先进典型经验被中央领导批示的，每篇加1.5分；受到中央、国家部委或省委、省政府文件表彰的，被收入省委全会，被省委、省政府主要领导批示的，每篇加1分；受到省委、省政府办公厅或其他省级部门文件表彰等，作为先进典型经验被市委、市政府主要领导批示的或省级部门主要领导批示的，每篇加0.5分。最高不超过1.5分	1.5分	表彰、批示件复印件或扫描件等	①2020年10月12日"全国扶贫日浙江主场活动"由景宁县承办，其中创业园大搬快聚安置小区为调研点之一 ②2020年11月19日，胡海峰书记在省政府新闻办举行的浙江高水平全面建成小康社会主题系列新闻发布会丽水专场上，以讲故事的方式，在第六个故事里，用"一户畲乡人家的幸福生活"讲述了景宁的大搬快聚工作
六、日常工作推进（10分）	⑲工作进度报送	工作进度报送（月报表及月工作小结）3分，一次未按时报送扣0.5分。工作实行月通报排名（2分），按排名酌情打分	5分	月通报表	按时上报
	⑳督查通报	季督查发现问题，酌情扣分	5分		督查通报二季度小组第一
七、综合评价（标准分5分）	市"大搬快聚富民安居"工程指挥部办公室	市领导、市直机关部门对各县（市、区）进行综合评价	5分	民主打分	
小计			100分		不含5分市评价分，自评得分95分

（四）本节小结

本节阐述了丽水市景宁县地理条件和经济社会发展概况，突出了其民族县、山区县特征；介绍了近年来景宁县委、县政府实施"大搬快聚富民安居"工程的工作情况和主要政策措施；以翔实数据评估了景宁实施"大搬快聚富民安居"工程的工作成效；借助《景宁县"大搬快聚富民安居"工程示范县评价表》，详细阐述了景宁县"大搬快聚富民安居"各项工作内容的完成情况。

四、景宁县大搬快聚工作经验

（一）组织领导有力，政策体系完善

1. 强化组织领导

景宁县委、县政府高度重视，高位谋划、统筹推进"大搬快聚富民安居"工程，2019 年以来，政策体系、工作体系、指标体系、评价体系全面建立。每一轮的搬迁都成立县领导为组长的工作领导小组，农业农村局、发改、建设、国土、财政等部门及重点乡镇的主要领导为成员，下设办公室，负责全县异地搬迁工程建设的组织协调和指导管理工作。县委、县政府主要领导常常亲自上阵，调度指挥，通过听取汇报、会议部署、一线调研督导等方式，协调解决大搬快聚推进过程中的难点堵点。县级指挥部工作专班大搬快聚大搬快治两办合一。各乡镇均成立了搬迁工作领导小组，村"两委"及党员干部为小组成员。搬迁从进村入户宣传、搬迁资格审核到搬迁房屋拆除、搬迁补助发放等过程中，乡村两级党员干部充分发挥了先锋模范作用。通过近两年的搬迁工作实践，乡镇分管、业务人员、驻村干部、村"两委"干部熟悉了大搬快聚搬迁政策，形成了人人懂业务、个个是专家的新工作局面。

2. 强化政策保障

景宁先后出台了《关于印发景宁畲族自治县下山移民工作实施意见

的通知》《关于加快农民异地转移促进农民增收的实施意见》《关于印发景宁畲族自治县下山移民工作补充意见》《景宁畲族自治县农民异地转移县城公寓安置工程实施办法》《景宁畲族自治县农民异地转移乡镇公寓安置工程实施办法》《景宁畲族自治县农民异地搬迁实施办法》《景宁畲族自治县地质灾害避让搬迁实施办法》《景宁畲族自治县大搬快聚富民安居工程指导意见》等一系列政策，形成了系统完善的政策框架。特别地，景宁是继龙泉后全市第二个出台"大搬快聚富民安居"工程指导意见的县。针对大搬快聚搬迁工作程序制定了详细的实施细则也根据工作中发现的一些问题进行查漏补缺，出台补充细则。同时围绕国家公园创建生态搬迁的要求，在"大搬快聚富民安居"工程实施意见的基础上，制定了国家公园生态搬迁方案，并实行限期搬迁奖励政策，进一步提高国家公园范围内群众搬迁的积极性、主动性。针对原低收入农户实施大搬快聚搬迁和非低收入农户同标准情况，也制定了补充意见。

3. 强化要素保障

在每年安排财政资金 5 000 万元的基础上，采取竞争性谈判方式实施"大搬快聚"项目融资，有效破解搬迁配套资金问题。截至 2020 年年底，景宁县已获批低息贷款 7 亿元，第一批融资资金 1 850 万元已发放到户，第二批融资资金上报建行审批。同时规划新建 3 个安置小区、续扩建 5 个安置小区，安置小区建设向建设银行贷款 7.8 亿元。针对有建房困难与搬迁后发展产业有资金需求的群众，实施农户普惠贷款和低收入农户贴息贷款（政银保）。如农商银行城南分社为双后降建房户 64 户提供了 1 393 万元贷款用于发展生产；农业银行景宁支行专门为大搬快聚群众推出 50 万元可循环专项普惠贷款额度。2020 年"政银保"低收入农户贴现贷款 1 684 户 9 822 万元；银行为大搬快聚搬迁群众购建房贷款 164 户，贷款金额 4 623 万元。

（二）针对重点人群加大搬迁力度

在"十二五"搬迁近万人的基础上，本届县委、县政府重点在全面解决地质灾害点群众搬迁、自然灾害影响群众搬迁、畲族群众搬迁、重点工程和重点生态功能区（国家公园、水源头保护、水库影响）建设影响群众搬迁和高山远山困难群众搬迁等五个方面上下功夫。五年规划搬迁 5 164 户 16 935 人，新规划建设东坑心田、梧桐同心、大漈垟心等 13 个安置小区。在大搬快聚政策上，深入总结下山移民、农民异地搬迁、"大搬快治"等多轮搬迁政策的基础上，结合景宁实际，在全市率先出台了"大搬快聚富民安居"工程指导意见，进一步拓宽了搬迁范围。自 2017—2019 年，全面解决地质灾害影响人口的搬迁问题，共搬迁地质灾害避让群众 4 528 人，水源保护区群众搬迁 1 320 人。2020 年地质灾害避让搬迁 2 809 人，畲族群众 1 517 人，低收入农户 275 人，让广大困难群众实现了安居乐业，占全县总人口 11％的偏远山区群众，实现了向县城、中心镇、中心村的大转移。2020 年新启动的百山祖国家公园生态搬迁，用最优的政策、最优的地块、最优的服务，实施搬迁 149 户 458 人，签约比例达到 91％以上（已搬迁安置 28 户 89 人，121 户 369 人为 2021 年新启动搬迁群众，安置地为创业园 9 号地块，计划 2021 年启动建房）。

（三）努力促进民族大团结，打造少数民族地区搬迁模式

结合华东地区唯一的民族自治县特点，在实施大搬快聚工程过程中，景宁县不断加大对少数民族搬迁群众的补助力度，每人在其他补助基础上增加补助 6 500 元。2019 年搬迁群众中，畲族群众搬迁 390 人，增加补助 253.5 万元；截至 2020 年年底，完成搬迁群众中，畲族群众搬迁 1 517 人，增加补助 986.05 万元。特别是创造性地创建金山垟畲族特色安置小区，一期项目规划总投资 5.98 亿元，计划安置 1 349 户 4 359 人，截至 2020 年 11 月，金山垟畲族特色安置小区已经完成直房 237 直、套房 680 套的主体工程建设。小区安置方案经过多次征求意见及县长办公会议审议通过，陆续启动畲族群众安置报名工作，预计第一批报名人数 3 500 人以上，二期畲族特色安置小区规划在创业园。在创建县

级畲族集聚小区的同时，乡镇安置小区中着力加强马坑、白鹤、西山、泉坑、犁头岗、张后山等 6 个畲族小区建设。建设中着重突出畲族文化特色，图腾、彩带、廊桥、古风随处可见，点滴之间处处体现畲族风情。

（四）实施分类引导，打造乡镇公寓 零成本安置搬迁模式

搬迁安置工作，依据市场运作、灵活安置、梯度转移，分类别引导群众实施搬迁。景宁县异地搬迁方式主要有以下三种类型。

第一种类型，有能力型农户安置

对有能力型农户，搬迁引导为县城购买商品房安置及县城安置小区安置（包凤小区、金山垟小区，3 人户中小户型约 20 万～30 万元；每人补助 20 平方米优惠价，优惠价与周边市场价差 2 500 元/平方米）。

第二种类型，零成本安置小区安置

在澄照创业园、红星双坑口、王金洋、东坑心田、沙湾七里、九龙畲斗湾、鸬鹚、梧桐坑等 11 个大中型乡镇安置小区，实行群众联建或统建公寓。以 4 人户为例，建房成本 120 平方米中户型每套 11 万～13 万元左右，搬迁直接补助畲族群众约为 18.6 万元，低收入群众为 24.6 万元，其他群众约为 16 万元，基本可以达到零成本建房搬迁入住。以到创业园同心小区建公寓安置的畲族搬迁群众为例，畲族群众搬迁补助为 34 100 元/人，畲族低收入群众搬迁补助为 49 100 元/人；在鸬鹚、东坑、沙湾等乡镇安置小区安置的畲族群众搬迁补助则为 41 500 元/人，畲族低收入群众搬迁补助为 64 100 元/人，加上拆房补助，已经可以达到零成本搬迁的目的。

第三种类型，建房困难户安置

针对建房困难户，在统一规划建设的几个大型乡镇安置小区建设廉租房，供无能力建房的搬迁户租住，沙湾、大均、鸬鹚等 7 个乡镇安置小区建设了廉租房共计 132 套，2021 年安置困难搬迁群众 8 户 13 人。

通过政策分类引导，真正改变群众"要我搬"心理，实现群众积极主动"我要搬"。

（五）创新机制，致力于创建宜居家园

2019年全力推进金山垟畲族特色安置小区、佃源创业园安置小区、包凤地质灾害安置小区三个县级安置小区建设。在县级安置小区的建设上，在规划建设过程中综合群众意见，以培育宜居平台的思维打造集聚园区，尽可能满足不同层次安置的群众需求。一是集聚优质教育资源。在重点小区建设新兴校园，破除安置群众"农民工子女只能上农民工学校"的顾虑，开拓城乡一体化建设新模式，让安置群众的子女在家门口就能享受较高质量的教学条件，使其在共享优质教育资源方面有更多获得感。二是健全"五分钟医疗服务圈"。大型小区新建卫生院，建立健全包含疾病预防控制、健康教育、妇幼保健、精神卫生、卫生监督、卫生监测、慢性病规范管理和居民健康档案管理等一系列服务的公共卫生服务网络。三是培育工旅融合新业态。高起点规划建设工业区块，将安置平台作为生态创业小镇来培育，引导支持搬迁群众发展农家乐民宿，使安置群众生产生活实现"人在景中游"。

利用省异地搬迁、特别帮扶和区域协调专项资金，整合部门项目资金不断加大对中心镇、中心村统一规划搬迁安置小区基础设施投入力度，在往年成功创建马坑、白鹤、泉坑、梅坑等美丽家园的基础上，2020年重点针对红星双坑口小区，创建幸福新社区。2019年共计安排两批安置小区基础设施建设计划，资金3 993.5万元，2020年共计安排三批29个建设项目5 993万元，对搬迁安置小区进行基础设施、绿化、亮化、美化建设。小区建设中，建设地点的选择与中心村一桥相隔或是临水相望；建设过程中，建设与保护同步，老街老村乡愁依旧，新区新村风华正茂，同时结合旅游和文化，致力打造以畲族风情与马仙孝道文化相结合的特色乡村旅游，发展美术摄影基地、生态旅游观光和农家乐提升。在建设安置房过程中采取"统规自建"模式，实施"五统一、五自主"，即政府统一规划设计、统一核发补助资金、统一场地平整、统

一基础设施配套、统一质量监管；群众自主选择户型、自主选择建设单位、自主出资建设、自主议事决策、自主监督管理，有效减轻群众的建房成本，消除群众的质量疑虑。同时采取房屋住户自行组合的模式，先行组栋成功优先选择房子坐落位置，让群众自行选择楼栋和选择邻居，规避邻里之间的矛盾纠纷，打造和谐小区、美丽小区、魅力小区、特色小区、生态小区、宜居小区的幸福社区形象逐步彰显。

（六）节约资源，改善环境，做好搬迁后复垦、复兴文章

1. 提高土地的集约利用

根据可建房用地少、基础设施建设成本偏高等情况，推进乡镇农民公寓房安置、农民廉租房工程，在统一规划建设的乡镇安置小区联建公寓安置房，为鼓励联建公寓，在异地搬迁直补基础上，每人增加补助5 000～15 000 元。与分地基建直房相比，联建公寓节地率高达50%以上。此外，针对部分群众无力建房，在统一规划建设的几个大型乡镇安置小区建设廉租房，供无能力建房的搬迁户租住。

2. 改善环境提供复垦资源

出台政策对搬迁的农户拆除老房给予每平方米100 元的补助。实施搬迁后，减少了对生态环境脆弱地区的破坏，不仅促进了退耕还林和山区植被保护，改善了山区生态环境，而且使滞留群众能够充分利用剩余的山林、竹林、中药材、田地等自然资源，合理地保护，充分地开发，进一步达到"人退、林茂、民富"的目标。自2019 年以来，通过实施大搬快聚工程，拆除搬迁老房15 万多平方米，土地复垦面积166 亩。除复垦之外，对有开发利用价值的搬迁老村，并不是一拆了之，而是通过实施"唤醒古村"行动，招引工商资本进行田园综合体、农家乐民宿等开发利用，让资源"活起来""转起来"，发展"农旅""文旅"经济，助力乡村振兴，达到农民增收、集体增收"双增"目的。如东弄村田园综合体开发，惠明寺村2021 年搬迁的村保留25 幢传统建筑引进工商资本开发高档民宿，红星街道的岭北村把老房进行租赁用于村集

体经济增收等。

（七）引导就业创业，打造"众创空间"搬迁模式

为破解群众搬迁后如何致富的担忧，使群众不仅人下山，心更"下山"，从培训、就业、创业等多方面打造"众创空间"；安置小区建设与产业招商培育同步跟进，大力培育创业就业平台，多种方式促进农民搬迁后富得起，满足就业创业需求。2019 年全年组织培训 22 批次 1 103 人，搬迁群众中实现就业 1 520 人，户均就业人数达到 1.59 人以上，低收入搬迁群众实现户均就业 1 人以上。一是在创业园人口集聚平台配套建设千亩工业园区，写好生态工业和就业新篇章。以"小园区、大平台"为思路，聚焦劳动密集型产业，引进总投资 6.9 亿元的宇海幼教木玩产业园项目，并设立考核奖励机制，引导产业园三年内提供 3 000 个以上的就业岗位，解决安置群众"下山"后的就业难题。截至 2020 年年底，园区先后引进景宁博士园中药饮片有限公司、亚资科技股份有限公司、江南花屋网络有限公司等 26 家企业入驻，总投资预计达 9.5 亿元，预计可提供 6 000 多个岗位（截至 2020 年已提供 800 多个就业岗位）。二是依托民间力量，按照小微产业园模式规划建设 7 万平方米标准厂房，为安置群众创办小微企业实现致富搭建了平台。三是在王金洋安置小区建设电商小区"淘宝村"，引导乡贤青年回归，发展培育农村电商产业，累计培育电商主体 48 家，年产值 1.23 亿元。四是在沙湾、九龙、梧桐等乡镇安置小区，大力发展来料加工产业，让搬迁妇女可以在家门口就业。截至 2020 年，全县在搬迁安置点建设来料加工点 93 个，加工从业人员 7 785 人，年发放来料加工费 8 000 多万元。五是大力发展"景宁 600"产业，制定出台"景宁 600"加盟准入标准，近年新建提升"景宁 600"生态基地 5.6 万亩，新建"景宁 600"示范乡镇 4 个，先行村 19 个，开发农产品 1.5 款。六是依托两个 4A 级景区优势，发展农旅融合，在安置小区扶持搬迁群众发展民宿农家乐，形成如大均泉坑、大漈垟心等旅游新村。

（八）搬迁工作重心前移，充分发挥乡村一级党员先锋模范作用

县级成立工作专班的同时，充分征求一线工作人员意见，制定了内容详细、程序明确的实施细则。合理设定从搬迁申报、资格审核、丈量拆房到安置补助的各项工作程序，细化到各类表格样式、材料模板，让乡镇一线工作人员可以按部就班程式化组织实施搬迁工作。各乡镇均成立了搬迁工作领导小组，村"两委"及党员干部为小组成员。在搬迁前期进村入户宣传、搬迁资格审核、搬迁房屋拆除、搬迁补助发放等过程中，乡村两级党员干部充分发挥了先锋模范作用，通过一年的搬迁工作实践，乡镇分管、业务人员、驻村干部、村两委干部熟悉了大搬快聚搬迁政策，形成了人人懂业务，个个是专家的新工作局面。很多乡镇分管、业务、村"两委"干部已经把手上的宣传工作手册，熟记翻"透"翻"烂"。

（九）聚焦搬迁营造深厚宣传氛围

在"大搬快聚富民安居"工作过程中，景宁县突出特色主题，典型经验获主流媒体聚焦、上级肯定。2019年全年各级媒体共计宣传报道91篇次，其中"中国之声周刊"1篇、浙江卫视新闻、中国蓝新闻各1次、浙江手机网报道1篇、《丽水日报》报道4篇、丽水新闻、指尖丽水报道6篇，景宁县融媒体、《畲乡报》、畲乡网、政府网27篇次。2020年新冠肺炎疫情的冲击对"大搬快聚富民安居"工作造成很大困难，但景宁县依然取得不小的成绩，受到了新华社、学习强国、人民网等媒体的报道。

设立"景宁大搬快聚富民安居"工程公众号，建立宣传组，每周分组分赴各乡镇从搬迁工作的开始进行拍照、视频录制保存，编辑宣传报道文章和拼图数十篇。在实施大搬快聚工作中，县里宣传组注重从搬迁前、搬迁中、搬迁后、安置后、生活中等各方面进行搬迁资料保存，同时也注重畲族文化及搬迁文化收集，有针对性地选择了澄照乡下泥山村

（畲族村）、红星街道岭北村（整个行政村搬迁）、英川镇周占村（国家公园村）三个村庄进行全程跟踪拍摄。澄照乡下泥山村、红星街道雷宝后村，村民在搬迁前自发组织团聚会、自发拉出感谢党的大搬快聚好政策横幅、自发自编自唱畲歌，颂扬搬迁政策，抒发对搬迁后美好幸福生活的向往、自编美篇如"唱支山歌把家搬"等民间歌谣，成功打造旗帜鲜明、感召力强的景宁"大搬快聚富民安居"工程品牌形象。

（十）本节小结

本节总结了景宁县在实施"大搬快聚富民安居"工程中的九条工作经验。一是组织领导有力，政策体系完善，强化要素保障。政策体系、工作体系、指标体系、评价体系、资金支持体系全面建立。二是针对重点人群加大搬迁力度。在全面解决地质灾害点群众搬迁、自然灾害影响群众搬迁、畲族群众搬迁、重点工程和重点生态功能区（国家公园、水源头保护、水库影响）建设影响群众搬迁和高山远山困难群众搬迁等五个方面上狠下功夫。三是不断加大对少数民族搬迁群众的补助力度，结合民族特色文化，打造少数民族地区搬迁模式，努力促进民族大团结。四是依据市场运作、灵活安置、梯度转移，分类别引导群众实施搬迁，打造乡镇公寓零成本安置搬迁模式。五是创新机制，致力于创建宜居家园，打造和谐小区、美丽小区、魅力小区、特色小区、生态小区、宜居小区的幸福社区形象。六是节约资源，改善环境，提高土地的集约利用，做好搬迁后复垦、复兴文章，达到农民增收、集体增收"双增"目的。七是多措施引导就业创业，打造"众创空间"搬迁模式，让搬迁群众"稳得住，富得起"。八是搬迁工作重心前移，充分发挥乡村一级党员先锋模范作用，形成人人懂业务，个个是专家的新工作局面。九是突出特色主题，聚焦搬迁营造深厚宣传氛围，成功打造旗帜鲜明、感召力强的景宁"大搬快聚富民安居"工程品牌形象。

五、景宁大搬快聚存在的问题与后续工作

(一)存在的问题

虽然景宁县在实施"大搬快聚富民安居"工程中取得突出成绩,在推动乡村振兴和农民增收上起到了较明显作用,但随着工作推进,也出现了一些问题。主要有:

(1)在实施搬迁过程中,因每轮政策标准的提高及搬迁对象的认定,存在一些信访问题,信访维稳压力较大。

(2)一个新建小区启动至完成供地及供房需要2~5年时间,目前已有小区容量渐趋饱和,存在安置小区建设容量难以完全满足群众对搬迁的美好意愿矛盾。

除此之外,还有以下一些更深层次的问题,有待于顶层设计,深化改革,完善社会综合治理,推动民族地区实现高质量绿色发展。

(1)农民就业形势不容乐观。农民异地搬迁主要以县域内的搬迁为主,由于缺乏产业支撑,搬迁农户就业问题比较突出。特别是景宁山区乡镇本身就没有工业企业,很难大量吸纳搬迁农民就业,导致农民无从就业或只能回迁出地继续农业生产。另外,农民就业难还有一个重要的原因是文化程度相对较低,大多数农民没有一技之长,政府主导的一些技能培训主要还是偏重于农业技术,这与工业企业、服务业要求存在长期性、结构性矛盾。

(2)农户后续管理问题逐渐显现。对整村搬迁的村而言,原来所在的村集体组织已经只是"名义"上存在,零散安置的农户更是与原村集体不再有"密切"关系,搬迁后的农户出现了事实上的生产资料、社会关系等的缺失,再加上农民原来的生活习惯也一时难以适应城镇的生活。大型安置小区安置人员来自不同村庄、乡镇,大多数搬迁群众户籍不愿意迁入,仍留在原乡镇村,导致虽归入小区社区管理,但社区无户籍管不着、原乡镇人房不在管不着的"两不着边"处境。部分搬迁安置

小区无物业管理，只能实行小区内部自主管理和原村庄管理，从而导致了后续管理的混乱。

（3）搬迁农户的财产性权益未能得以有效实现。根据现有的政策法律规定以及农村产权改革确权、登记、发证，原居住地的山林和土地的承包经营权仍属于原来的农户，但由于搬迁农民的土地、山林地处偏远，农业开发成本高、收益低、流转率并不高，而村级经济合作组织对原村民资产和村级公共财产又缺乏有效的管理，致使大量土地处于荒芜状态，造成了土地、山林资源的浪费。

（二）"大搬快聚富民安居"后续工作计划

景宁县认真贯彻市委、市政府工作要求，主动作为，奋勇担当，以更高的站位、更实的作风、更快的速度、更强的措施高质量推进"大搬快聚富民安居"工程，下一步工作重点在以下四个方面：

1. 进一步加快搬迁安置进度

提前谋划2021年大搬快聚工作，计划搬迁3 000人以上。启动金山垟畲族群众搬迁申报、审核工作。加快安置小区建设进度，包凤小区、金山垟小区2个县城安置小区完成供房并启动销售分配安置；在建安置小区完善基础设施建设，同步考虑教育、文化、卫生等基本公共服务设施配套，建设宜居宜业新家园。

2. 进一步加强后续帮扶工作

紧密结合乡村振兴战略和全国民族地区城乡融合发展试点推进，抓好搬迁群众创业就业、产业发展、技能培训等工作，鼓励就近多渠道就业。整合出台扶持政策，推动来料加工、电子商务安置小区延伸覆盖，加强搬迁群众就业创业培训，推动搬迁安置群众充分就业。深入实施"政银保"小额贴息贷款项目，提供针对低收入群众的购房贴息贷款，减轻低收入农户购房压力。

3. 进一步加大开发利用力度

积极做好搬后复垦、搬后复兴等工作，对偏远村庄及周边土地进行综合整治，争取完成复垦 100 亩以上。同时，对有开发利用价值的搬迁老村，借鉴东弄老村田园综合体开发等做法，实施"唤醒古村"行动，招引工商资本进行农旅开发利用，助力乡村振兴。

4. 进一步加强安置小区管理

积极探索搬迁群众社区化管理模式，推动安置小区实现物业化管理，做好搬迁群众户口迁移、子女教育、医疗保险、养老服务等工作，不断提高服务能力和水平。

（三）本节小结

本节总结了景宁县在实施"大搬快聚富民安居"工程中出现的问题，主要有：①实施过程中维稳压力较大；②新建小区供给不足矛盾；③搬迁农民就业形势严峻；④搬迁农户后续管理有待加强；⑤搬迁农户的财产权益有待维护。

本节阐释了景宁县实施"大搬快聚富民安居"工程的后续计划。一是加快搬迁安置进度。二是加强后续帮扶工作。三是加大开发利用力度。四是加强安置小区管理。

六、景宁"大搬快聚富民安居"工程典型案例

（一）大搬快聚助力富民安居

"十三五"期间，景宁县开展"异地搬迁""大搬快治""大搬快聚"三项工程，累计完成搬迁 3 353 户 11 300 人，下拨搬迁补助 2.09 亿元，拆除老房 44 万平方米，宅基地综合整治 437 亩，新（扩）建包凤、金山垟、双坑口等 18 个大中型安置小区。

近年来，景宁县以"最优安置地块、最优政策、最优服务统筹"为导向，全力推进"大搬快聚富民安居"工程。据县大搬快聚办负责人介绍，全县形成了搬迁工作体系、政策体系、指标体系、评价体系，成功创建少数民族地区的搬迁模式、乡镇公寓零成本搬迁模式、众创空间搬

迁模式这三种模式。现在全县大搬快聚的这种氛围，已经从"要我搬"变成了"我要搬"。

"搬得下"是基础，"稳得住"是关键，"富得起"是根本。

老雷一家从交通不便的老家搬到各方面条件更好的景宁民族创业园，加上 18.6 万元的搬迁补助，基本可以实现零成本建房入住。

梅姐的老家溪下坑村离景宁县大均乡政府 10 多千米，每次出门都要步行 1 个多小时，2014 年，全村搬迁到大均乡泉坑村。在水碓洋安置小区，梅姐把新家装修成了民宿，做起了"旅游"生意，每年仅民宿收入就达到 8 万多元，实现了"挪穷窝、换穷业、拔穷根"。

安置在双后岗小区（共有安置群众 434 户 1 353 人）的沈姐在街道和县妇联的帮助下，在小区里开了一家来料加工点，不仅实现自己增收，还带动小区的数十名妇女就业增收（图 3-4）。

图 3-4　搬迁农户兴办增收产业

截至 2020 年年底，沈姐所在的鹤溪街道通过地质灾害应急避险、下山移民、大搬快治政策，实现行政村整村搬迁 4 个，部分自然村搬迁 1 个，累计搬迁 502 户 1 521 人，且已全部完成建房入住。该街道投入 1 565 万元，用于安置小区基础设施建设，确保安置群众"搬得下""稳得住""富得起"。

（二）大搬快聚助力乡村振兴

景宁畲族自治县红星街道岭北村盛产水干果，现有板栗、杨梅、枇杷等各类水干果 5 000 余亩，出产的板栗以"皮薄、甘甜、软糯"著称，以剥皮售卖为特色，深受外地客商喜爱。板栗收获期只有每年 8 月至 9 月短短的 50 余天，剥取板栗对劳动力需求很大。2019 年，随着街道"大搬快聚富民安居"工程政策出台，雷宝后、菖蒲湾、半岭、焦园 4 个自然村实施了整村搬迁。双坑小区共安置红星街道各村的"农民异地搬迁""地质灾害避让搬迁"及"大搬快聚"对象 2 000 余人。大量的闲散劳动力从根本上解决了岭北村果农人手短缺、产能低下等问题。2020 年 8 月至 9 月的 50 余天时间，雷宝后、菖蒲湾、半岭 3 个自然村的剥皮板栗产量达 10 万千克，产值 250 余万元，同比上年增长 40%，人均增收 5 000 余元，带动了安置村民就业 200 余人次。全村通过来料加工和茶叶、杨梅、板栗等水干果的采摘，带动了本村及周边村庄安置对象就业 800 余人次。当地村民说"（由于缺少人手）茶叶没人采、板栗剥不完、杨梅烂树上的时代一去不复返了……"

九龙乡通过全面推进"大搬快聚"工程，对"大搬快聚"村庄加强规划，切实把生态资本转化为发展资本，让农民"下得来、稳得住、富得快"。树立"旅游＋"融合发展理念。将美丽乡村建设，有效植入产业，把乡村美丽环境转化成美丽经济。通过落实产业培育、技能培训、政策扶持、就业帮扶等举措，带动农民增收，助推乡村振兴。截至 2020 年年底，滩坑库区移民、"大搬快聚富民安居"工程、下山脱贫，已经让 4 000 余户 9 000 多位群众陆续搬出大山，有效地改善了偏远山区农民生存环境，加快了农户们增收的步伐，也拓展了这些地区的发展空间。

（三）大搬快聚助力美丽乡村建设

景宁县家地乡在大搬快聚政策指引下积极引导村民"走出大

山"，在搬迁过程中，对农户的附属用房如灰寮、老旧牛棚等违规建筑，按照流程进行合理拆除，助力"大搬快聚"和"三改一拆"工作统筹推进，确保扎实推进全域土地综合整治，优化农村土地利用结构。景宁县搬迁小区建设顺利进行（图3-5），依据"搬一户、拆一户""复垦一批、利用一批"原则，充分利用搬迁户腾出的土地进行复垦、复绿，发展健康规模农业，提高土地利用率，稳步提升了生态效益。

图3-5 景宁县搬迁小区建设

（四）大搬快聚助推公共服务均等化

昔日的景宁澄照乡，"资源相对匮乏，经济总体偏落后，生活越过越穷，没有奔头。"如今联排农居、标准厂房拔地而起，"群众搬迁到哪里，社会保障就延伸到哪里"，教育医疗、创业就业、社区管理、公共文化等各方面的后续服务工作不断完善。

近年来，景宁积极开拓教育城乡一体化模式，投资2亿元在澄照产业园建起了九年一贯制的澄照学校。2019年该校引入当地优质民办教育资源，教育实力大增，改变了以往"澄照人拼尽全力把孩子往城里的学校送"的局面，甚至出现"县城人开始把孩子往澄照送"的现象。

（五）本节小结

本节通过分析典型案例，阐释了景宁县实施"大搬快聚"工程推进了富民安居，推动了乡村振兴和美丽乡村建设，也推进了公共服务均等化，让搬迁户"搬得下""稳得住""富得起"，不断提高群众的获得感和幸福感。

第四章
景宁大搬快聚与其他地区扶贫实践的比较^①

一、我国扶贫开发实践概述

（一）我国扶贫开发历程

1. 改革开放前的农村扶贫（1949—1978 年）

近代中国天灾人祸不断，中华人民共和国成立初期，经济一穷二白，广大农民深度贫困。在当时国内外形势下，我国实施了"赶超"战略，优先发展重工业，通过"剪刀差"获取农业积累，为工业补助发展资金。在农业农村领域，先后开展了土地改革、合作化、"人民公社化"等一系列运动，在 20 世纪 50 年代末和 60 年代初，农村发展曾一度遭受重大挫折。总

---

① 本章内容主要参考王曙光著《中国扶贫——制度创新与理论演变》，商务印书馆，2020 年。

的说来，从中华人民共和国成立到改革开放前，农民生活有了明显改善。

这个时期国家采取了以下一些反贫困政策：①土地产权改革。中华人民共和国成立后在全国范围开展土地改革，广大农民获得了土地占有权和使用权，以及其他一些生产资料，为扶贫开发奠定了产权基础。②改善农村基础设施。政府启动了大规模农村基础设施建设项目，改善了全国农村的交通、水利、能源等基础条件。③改善农村基础教育和基本医疗条件。全国建立了大量中小学学校，农村成人文盲率显著下降，文化程度普遍提高。数以百万计的"赤脚医生"建立起农村合作医疗保障体系；消除了很多传染病、地方病、职业病和寄生虫病的蔓延，提高了农民健康水平。④建立基础的社会保障体系。实施"五保户"保障制度和社会救济制度，为农村弱势群体提供最基本的生活保障。⑤初步建立农业技术、金融和供销合作网络。农业技术推广网络直接延伸到村（生产大队），为推广良种、化肥、农药、土壤改良技术和农机发挥了重要作用。全国范围内的农村信用合作社和供销合作社网络，也推动了改革开放前农业农村的发展。

2. 农村经济体制改革时期的农村扶贫（1978—1985 年）

党的十一届三中全会之后，农村经济体制改革使农民获得了自己的家庭承包地、劳动力和主要收益的支配权，大大调动了农业投资和农业管理的积极性，粮食单位面积产量和农业劳动生产率都得到显著提高。20 世纪 80 年代初，国家提高农产品价格，放宽统购以外农产品流通管制，直接促成农民收入普遍提高，不同区域、不同禀赋的农户收入开始分化。国家开始对极端贫困地区进行援助开发。1982 年，我国在甘肃省定西、河西和宁夏回族自治区西海固地区开始农业建设项目，拉开对特定区域采取资源开发的方式进行扶贫的序幕。在"三西"地区试验的开发式扶贫、建档立卡、帮扶到户、资金项目管理等做法，为之后的扶贫开发积累了重要经验。

3. 1986—1993 年中国农村的扶贫开发

从 1984 年开始，我国体制改革中心向农村转移。在不断试验和总结过程中，我国逐步探索并在 1992 年党的十四大正式确定建设社会主义市场经济体制，体制转型和工业化、城镇化快速发展，为农村扶贫开发积累了经济基础。1986 年国家开始启动大规模的农村反贫困计划。这一时期，我国建立了从中央到县一级的扶贫开发专门机构，确立了开发式扶贫的基本方针，即从原先的救济式扶贫为主改为以扶持贫困地区发展的开发式扶贫为主。1986 年，国家以 1984 年农民年人均收入 200 元为贫困线，划分了 18 个片区，确定了 331 个国家级贫困县，各省区另外确定了 368 个省级贫困县。

4."八七扶贫攻坚计划"（1994—2000 年）

1994 年 3 月，国务院出台《国家八七扶贫攻坚计划》，力争用 7 年左右时间，基本解决当时全国农村 8 000 万贫困人口的温饱问题。1994 年，国家重新确定了贫困县的标准，在全国确定了 592 个贫困县；财政资金加大幅度增加扶贫投入，并进一步加强科技扶贫的力度。制定《科技扶贫规划纲要》，选派科技干部和人员到贫困地区任职，向贫困地区推广农业实用技术，提高贫困地区农民的农业技术水平，也提高了科技在贫困地区农业发展中的贡献率。这一时期，国家还动员社会各方力量和各类资源参与、支持扶贫事业，如组织政府部门、科研院校和大中型企业与贫困地区的对口扶贫，组织东西部协作扶贫，鼓励非政府组织和国际机构参与扶贫。

5."中国农村扶贫开发纲要"（2001—2010 年）

2001 年我国加入了世界贸易组织，经济运行开始走出通货紧缩阴影。我国开始实施西部大开发政策，在全国建立了农村最低生活保障制度、农村新型合作医疗和农村新型社会养老保险制度，实行了农村义务教育免交学费等政策。2001 年国家出台《中国农村扶贫开发纲要》（以下简称《纲要》），农村开发扶贫事业进入一个新阶段。《纲要》调整了扶贫开发的战略目标，提出对剩余贫困人口，尽快解决其温饱问题；加强贫困村基础设施建设和基本公共服务设施建设，提高当地贫困群众的生活水平；培养提升贫困群众的科技文化素质；通过退耕还林还草、计划生育等工作的有力推进，持续改善生态环境；积极稳妥地扩大贫困地区劳务输出；稳步推进自愿移民搬迁等目标。

2001 年中央将国家级贫困县改为国家扶贫开发重点县，东部 6 省的 33 个县以及西藏自治区的贫困县指标收归中央，重新分配给中西部其他省区。2008 年，政府将扶贫标准从年人均纯收入 859 元提高到 1 196 元，能享受扶贫优惠政策的对象增加了 3 000 万人。这一时期，在延续"八七扶贫攻坚计划"的主要工作的基础上，确定了整村推进、贫困地区劳动力转移培训和产业化扶贫三个重点扶贫方式，与之前的移民扶贫、科技扶贫和社会扶贫共同构成了农村扶贫开发的基本政策框架。

6. "中国农村扶贫开发纲要"（2011—2020 年）

2011 年，中央印发《中国农村扶贫开发纲要（2011—2020 年）》（以下简称《纲要》），提出了"两不愁、三保障"扶贫战略目标，即解决贫困户对小孩上学、家人看病和住房三大民生之忧。《纲要》提出保证让贫困地区的农民人均纯收入增速高于全国平均水平，享受与全国平均水平相当的基本公共服务，扭转与经济发达地区经济发展差距扩大的趋势。

新疆南疆三地州、西藏、四省藏区、乌蒙山区、六盘山区、滇桂黔石漠化区、滇西边境山区等 14 个集中连片特困地区作为扶贫开发的主战场。增加和调整贫困县，扩大扶贫政策受益范围。680 个片区县和 152 个片区外重点县共 832 个贫困县成为国家农村扶贫开发的重点对象。

2011 年，为适应扶贫开发战略目标调整，将贫困标准从原来的年人均纯收入 1 274 元提高到 2 300 元，增加惠及农村贫困人口 1 亿人。各片区中央牵头单位，汇通相关中央部委和相关片区的地方政府，陆续制定了片区开发规划。在投入上，中央加大扶贫开发力度，中央部委的资金和项目也明显向片区倾斜。全国在减少贫困人口、增加扶贫工作重点县收入和改善贫困地区的基础设施方面，取得了新的进展。

（二）我国扶贫的主要做法

1. 坚持发展为第一要务

党和政府坚持"发展是硬道理"，坚持通过发展和改革解决社会经济问题，自改革开放以来，保持了较高的增速，且不断提高经济增长的质量。我国通过改变经济增长方式、改革收入分配方式，有效减少了贫困人口数量；协调区域发展，缩小了东中西部发展差距；依托户籍、土地制度改革、支农惠农政策持续为农村发展释放红利；大力发展社会事业，改善生态环境，完善农村教育、医疗卫生和社会保障体系。

2. 变"输血"为"造血"，提高贫困地区和贫困人口自生能力

首先，在不同阶段，给予贫困地区不同的优惠政策，如土地政策、外贸政策、农业税减免政策、增加转移支付等，提升贫困地区竞争力。其次，加大交通、水利、能源和环境设施投资力度，实施"贫困地区义务教育工程"、优先在贫困地区试行义务教育学杂费减免等措施，在专项扶贫开发中实施"以工代赈"项目和"整存推进"项目等，显著改善了贫困地区的基础设施和公共服务。最后，通过提高贫困户获得金融服务机会、劳动力技能培训、产业扶贫和科技扶贫的方式，促进生产要素在贫困地区的集聚，帮助贫困人口提高人力资本和自我发展能力。

3. 实行精准施策

经过多年尝试和探索，2013年年底我国清除了一系列约束精准扶贫的体制、机制障碍，开始实行精准扶贫、精准脱贫方略，将工作重点瞄准了贫困户、贫困村和贫困县。

4. 坚持工作创新

我国农村扶贫在长期实践中摸索出了一条"问题—学习—试验—调整—推广"的工作路径，以问题为导向、积极学习外部先进理念和方法，然后通过小规模试验和调试，再利用行政力量加以推广和完善。在扶贫战略上，经历了多次重大调整。如从粗放式的经济增长减贫转向精准开发扶贫，从"输血"式扶贫转向培养贫困对象的内生动力，从"撒

胡椒面"式扶贫转向"插花"式扶贫，从整县推进、整村推进转向精准到户。在治理结构上，扶贫计划和项目的决策权不断下放；从政府主导向政府、社会组织和群众多方共同参与转变。在资金使用上，财政扶贫资金分配由模糊分配改为主要按要素进行分配；财政扶贫资金实行专户管理、报账制；建立财政资金的监管和绩效评价机制；建立了审计部门、财政部门、业务部门、社会舆论等各方参与的多元化的监督机制，有效避免了腐败的发生。

5. 发挥政府、市场和社会组织的作用

政府领导、群众主体、社会参与的扶贫工作机制，是我国扶贫事业取得成功的基本保障。一方面，政府在农村减贫中发挥了决定性作用，利用自身总量信息优势，通过规划制定和宏观调控，深化改革，扩大开放，推动经济、社会持续发展，为减贫创造物质条件；另一方面通过政策倾斜，改善贫困地区基础设施和发展条件，推进国家发展成果全民共享。市场通过价格机制和竞争机制优化社会资源配置，提高了经济效率。社会组织利用其社会网络，动员社会资源参与扶贫；利用人脉关系、信息优势，推动了小额信贷、普惠金融的创新，为农村扶贫贡献了力量。

（三）我国扶贫工作中曾经存在的问题

1. 对深度贫困对象特殊致贫原因分析不足

我国在几十年扶贫实践中，对贫困类型和致贫因素进行了大量的分类研究，并形成一系列治理策略和应对措施，但对一些特殊致贫因素研究不足，缺乏精准应对策略，以至于已有的常规性、普适性政策组合体系难以奏效，出现了一些"没网住""兜不住"的脱贫盲点盲区。因此，对精准施策、机制创新提出了更高的要求。

2. 扶志、扶智需要持续深入推进

一些具备健全劳动力的人员存在"等、靠、要"心理，满足温饱得过且过，缺乏主观能动性。也有一些贫困人员囿于自身文化程度、思想认知水平较低等原因，专业技能不足，脱贫致富门路狭窄。一些地方缺乏对精准扶贫、精准脱贫的深刻理解，产业发展规划缺失，热衷于为帮扶对象送物、送钱，满足于解决短期急需问题，助长了一些贫困户的依赖思想。有的农户领到政府发放的种子、化肥、现金、家畜家禽等生产资料之后，转手变现消费，坐等新一轮补助，损害经济效率和社会公平。诸如此类的心理和行为，会给扶贫事业带来不可忽视的变数和不稳定性，只有扶志、扶智，克服"穷根"，激发农户主观能动性，才能长期巩固扶贫成果。

3. 村级集体经济较弱，基层谋划产业发展能力不足

村级集体经济是保证农村"有人干事"、维护基层有效治理的物质保障，是推动精准扶贫、精准脱贫工作的重要动力。但在很多欠发达农村，农业经营"小、散、弱"状况普遍存在，青壮年劳动力大量外出打工，只剩下老弱妇幼留守，农村集体经济发展面临劳动力、资金多方面制约。部分村干部自我发展意识不足，存在思想顾虑，难以兼顾经营发展集体经济。一些村干部认为发展农村集体经济，如果成功了，个人受益有限；而一旦失败了，则要承担债务风险和群众舆论风险。另外，碍于基础薄弱、发展路子不明确，对发展集体经济也缺乏足够的信心。加之欠发达农村基础设施较差、市场封闭、资金筹措困难，村干部缺乏经济管理、企业运营和产业谋划的专业知识和实操经验，村级集体经济难以做大做强。因此，提高基层产业谋划能力，壮大村级集体经济，是长效扶贫、振兴乡村的重要保证。

二、从外生性扶贫到内生性扶贫：宁德模式

福建省宁德市曾是一个非常贫困的地区，也是总书记工作过的地方。最近二三十年以来，各级干部和老百姓一起奋斗，宁德发生了巨大的变化，也反映了中国扶贫战略与思路的深刻转变。具体来说，主要是三个方面的转变：

第一，从外生性扶贫到内生性扶贫的转变。

按照王曙光教授（2020）的分类，外生性扶贫主要解决的是导致贫困的一些基础性瓶颈约束，比如交通通信等基础设施的建设、生态环境改造、对极端贫困人群和能力缺失者的救济式扶贫等。这些扶贫措施为贫困人群脱离贫困提供了坚实的基础，但是还不能解决根本性的问题。但外生性扶贫在大部分扶贫工作中是不可逾越的历史阶段，只有首先解决了约束农村发展和贫困人群改变命运的那些外部瓶颈因素，才能为进一步彻底脱贫提供物质基础。

在外部瓶颈问题基本解决之后，外生性扶贫必须进一步深化，向内生性扶贫转变。即更多地通过各种机制设计和制度创新，激发贫困人群自身的能量和创造力，通过贫困人群自身能力的增进，实现贫困人群的自我脱贫。只有这种基于贫困人群自身能力增进的自我脱贫，才是可持续的脱贫，才不容易返贫。也就是实现从"依靠输血"向"自我造血"的转变。

宁德在 20 世纪八九十年代初始阶段的扶贫工作即着重于改造阻碍贫困地区经济发展的山区交通问题、生产生活基础设施差的问题、生态环境差等问题。进入 21 世纪以来，宁德的扶贫思路向内生性扶贫转变，着重解决一些更深层次的问题，着重于增进贫困人群的可行能力。比如通过小额信贷的方式，促进贫困人群的自主创业和增收；通过教育和技术培训，提高贫困人群的知识和技能；通过组织专业合作社，提高农民的自组织能力，培育市场意识、风险意识和竞争意识；通过乡村治理的变革，使更多农民自觉参与乡村治理中来，提高农民的自我治理意识、参与意识和民主意识。这些举措，主要从挖掘和激发贫困人群内在的能力出发，把扶贫的重点放在提高贫困人群的自我实施能力和自我创造能力，从而打下彻底消除贫困的基础。

第二，从粗放型扶贫向精准式扶贫的转变。

随着扶贫工作的深入，宁德的扶贫模式也逐渐由前期的粗放式扶贫向精准式扶贫模式转变。制度变革型扶贫和基础性扶贫一般而言都是普惠性的，解决一些基础性的"面上"的大问题，一般应用于扶贫工作的初始阶段。在扶贫工作的攻坚阶段，普惠性的扶贫模式逐渐向精准式的扶贫模式转变，其关注的重点也由"面上"的基础设施和制度供给的缺失转向每个贫困者自身的特殊问题，也就是"点上"的问题。这个转变的核心，是在前期基础性扶贫和制度变革型扶贫的基础上，进一步深刻分析每一个贫困者致贫的根源，寻找其致贫的特殊原因与个体原因，从而有针对性地探讨个体化的脱贫方案。

近年来，在扶贫工作进入攻坚阶段之后，宁德市把精准扶贫作为扶贫工作的基本方略，更加明确"扶持谁、谁来扶、怎么扶"问题，更加注重"因地、因户、因人"施策，确保扶持对象更精准、项目安排更精准、资金使用更精准、措施到户更精准、因村派人更精准，走一条精确制导、精准施策的扶贫脱贫路子。在建档立卡上提高精准度，对现有建档立卡贫困户和贫困人口定期进行走访、开展核查，找准贫根、精准施策、健全台账、动态管理，确保有进有出、应扶尽扶，确保"一个都不少，一个都不掉队"。在措施方法上提高精准度，推动政策、项目、资金、力量向扶贫一线聚集，通过组织实施发展生产、异地搬迁、生态补偿、发展教育、社保兜底"五个一批"工程，靶向定位，"滴灌"帮扶，坚决限时打赢脱贫攻坚战。在脱贫验收上提高精准度，制定减贫脱贫验收办法，建立贫困户、贫困村、贫困乡、贫困县脱贫成效评估、销号、退出机制，实行第三方独立评估、让群众算账认账制度，做到成熟一个、验收一个、销号一个。宁德地区这些精准式扶贫的经验做法，标志着中国的扶贫工作已经进入一个崭新的阶段，也意味着中国正在打响对贫困的最后一枪。个体化的瞄准贫困者、个体化的脱贫方案制定、个体化的追踪管理和验收，是精准式扶贫的精髓，这也就是宁德扶贫中强调的由"漫灌"到"滴灌"的转变。

第三，从单一型扶贫向系统型扶贫的转变。

在扶贫的早期阶段，一般都是政府的单一型扶贫，即政府通过财政投入、资源整合和人员帮扶，对贫困地区进行大规模的人力物力财力投入。政府的单一型扶贫的缺点是不能有效动员各种社会资源，不能形成扶贫的合力。宁德在扶贫攻坚的关键阶段，更强调系统型的社会参与式的扶贫模式。系统型扶贫就是强调政策取向的多元性、参与主体的多元性、扶贫要素的多元性，实现综合式、系统性、多元化、全方位的扶贫。所谓政策取向的多元性，即在政策制定的过程中，广泛发挥不同社会阶层的作用，注重在政策层面鼓励社会各界参与扶贫。所谓参与主体的多元性，即鼓励企业家、社会公益工作者、政府人员、教育工作者、金融机构等不同主体，广泛参与扶贫工作中，发挥这些人士的独特作用，形成扶贫合力。所谓扶贫要素的多元性，就是鼓励这些不同的参与主体，各自贡献不同的社会资源和要素，从而实现资源整合的目的。宁德政府在总结扶贫经验时，就把坚持"全民参与"作为一条重要经验提出来，强调要处理好政府主导与社会参与的关系，形成"全民参与、协同推进"的扶贫工作新格局。

宁德的内生性扶贫模式最终要实现三个目的：

第一个目的是培养农民的主体性意识。

农民是反贫困的主体，农民是农村发展的主体，政府是外在的支持者。一定要培养农民的独立自主性，培养农民的主体性，从而实现农村的内生性的发展和贫困人群的内生性脱贫。不能让农民对政府补贴和各部门对口帮扶的资源输送产生依赖性，而要发挥农民自己的主动创新精神，这样才能实现农村真正的减贫和发展。

第二个目的，要实现机制性。

要通过机制创新和机制设计来实现农村的发展，来实现反贫困，而不是通过直接的、明显的、物质的补贴或者是直接扶持的方式来实现农村的发展。机制性的发展，就是更加重视制度创新，政府不拿能看得见的东西来支持农村，而是拿看不见的机制来支持农村的发展。农民合作机制、产业联动机制、乡村治理机制、民族文化开发机制、农村金融和小额信贷机制等，都是制度化和机制化的脱贫模式，尤其在基础性扶贫向精准性扶贫转变的过程中，这种机制设计显得尤其重要。

第三个目的，实现农村发展和脱贫的长期性与可持续性。

一次性的发放资金、财政补贴、物资，这种方式可以解决一时的困难，但不可能解决长期问题。政府扶贫思路由粗放式扶贫向精准式扶贫的转变，目的是要实现农村发展的可持续性、自我可复制性与长期性，这样的话，农村的发展才是良性的、自我可循环、自我可复制的发展。

宁德的扶贫思路的转变，更是基于政府职能的转变。政府在这个过程当中就会逐步超脱出来，逐步由直接介入者转变为动员者，逐步由直接的资源支配者转变为资源协调者，逐步由直接的资金供给者转变为顶层设计者和机制构建者。这样既能实现农村的发展和贫困人群的脱贫，同时也能实现政府的职能转变，让市场机制更加发挥作用，让社会组织更加发挥作用，让农民自己更加发挥作用。

三、广西易地扶贫搬迁机制及模式

云南、贵州、广西地区是我国深度贫困人群比较集中的地区，这几个地区由于自然生态的脆弱和地理环境的封闭等原因，严重限制了贫困人群的发展机会。当地贫困人群的公共服务覆盖程度较低，交通条件普遍较差，信息封闭，智识不开，医疗和教育水平普遍较低，有些地区的居民生活水平和生活方式还处于比较落后原始的发展阶段。从自然生态环境来说，云南、贵州、广西很多地区属于喀斯特地形，一些地区的石漠化状况比较严重，土壤的质量较差，土地的产出效率很低，而且这些地区的自然环境承载的压力很大，生态极其脆弱，自然灾害频发，对自然生态本身和当地人民的生活生产造成极大的困难。从气候条件来看，云南、贵州、广西深度贫困区的区域性、季节性缺水问题普遍存在，当地人民的日常生活生产受到极大的制约。广西处于深度贫困状态的河池市、百色市，贫困县较多，属于全国十四个集中连片特困区之一的滇桂黔石漠化地区的一部分，山多地少，土地贫瘠，环境封闭，远离政治经济核心地带，当地人民的生产生活环境极为恶劣，人和自然的矛盾难以得到根本解决。

据广西财政厅统计资料，截至 2017 年年底，广西仍有 246 万贫困人口，总数在全国排第四位；有 43 个贫困县，3 001 个贫困村，其中有 20 个深度贫困县，30 个深度贫困乡镇和 1 490 个深度贫困村；在 2017 年建档立卡贫困人口中，因病因残致贫贫困户有 19.2 万户，占比达 27.4％，缺劳动力的贫困户有 9 万户，占比达 12.9％，65 岁以上老人有 33.7 万人，占比达 12.6％。从以上数据来看，广西的扶贫攻坚战略任务极重，涉及的贫困人口较多，贫困区域较大。从这些深度贫困地区的生态环境和地理环境因素来看，又基本属于生态脆弱区和生态环境恶劣区域，生态环境和地理环境因素是造成当地贫困发生率高的主要深层因素。因此，要实现人和自然的和谐，同时要彻底改变当地人民的贫困现状，就要因地制宜采取适当的手段，实践证明，对于滇桂黔这些生态环境极为恶劣脆弱的地区来说，易地扶贫搬迁是最有效的手段之一。"十三五"时期，广西计划完成易地扶贫搬迁 110 万人，其中建档立卡贫困人口 100 万人，同步搬迁的其他农村人口 10 万人，涉及 13 个市 79 个县（市、区），广西由此成为全国易地扶贫搬迁人口超过 100 万人的 5 个省份之一。这么大规模的人口迁移是一件极为困难的工作，涉及对贫困人群搬迁的财政补贴、迁出地的生态恢复和土地整治、搬迁人群的医疗教育安排和就业保障、迁入地的基础设施建设、搬迁人群在迁入地的生活文化融入等一系列非常复杂且挑战性很强的问题，既要让贫困人群能够自愿地低成本地"搬出来"，又要让这些贫困人口在新的环境中获得新生活的希望，不仅能够"稳得住"，而且能够在迁入地"活得好"，脱贫致富，享受美好的生活。这是一项难度极高的系统工程，需要多管齐下，又需要极为强有力的动员、统筹、组织、协调和监督考核机制。

广西在易地扶贫搬迁工作中，建立了"顶层设计—动员激励—统筹协调—监督考核"四位一体机制。

第一，顶层设计。建立系统、科学、实事求是、循序渐进的项目规划，进行合理的、高屋建瓴而又切合实际、具有可操作性的顶层设计，使整个易地扶贫搬迁工作有章可循，思路清晰，便于实际工作者进行操作。顶层设计是一个"自下而上—自上而下"的过程。所谓"自下而上"，就是要在进行项目规划和顶层设计之前进行详尽的基层调研和周密的研讨论证，召集迁出地村民、村委会干部、乡镇政府干部、省市县政府负责搬迁规划的相关干部（包括农委、民政、财政、金融、社会保障、医疗、教育）、基础设施建设相关方面负责人、迁入地的相关村干部和政府人员等进行前期的方案讨论，充分倾听相关利益方的诉求，充分考虑不同政府部门的工作难度和工作顺序，并按照具体操作时间节点进行易地扶贫搬迁的工作安排。这个"自下而上"的过程，是集中民意的过程，是融汇不同政府部门的意见和观点的过程，是各种矛盾的摩擦、碰撞、博弈、融合的过程。所谓"自上而下"，是在前一个阶段的调研、倾听、沟通的基础上，集中与搬迁直接相关的研究部门和实践部门进行方案的正式制定过程，这个顶层设计的要求是必须极为清晰且具有可操作性，而不是建立在模棱两可的基础上；同时要保障各个政府部门分头制定的政策要相互协调，不能互相矛盾打架，以便于政府部门之间在实施层面的工作衔接。在广西进行易地扶贫搬迁的项目规划的过程中，从自治区层面进行系统的理论学习，凝聚共识，通过专题学习、中心组学习、集中轮训、支部研讨、举办宣讲报告会等形式，进行分层次、全覆盖学习培训，从而为易地扶贫搬迁工作进行了充分的理论准备和组织保障。自治区相关领导高度重视易地扶贫搬迁工作，多次带队深入基层和深度贫困地区进行调研，对基层情况、搬迁难点和痛点进行充分的掌握和分析；2018年5月上旬，广西壮族自治区政府负责搬迁工作的部门组织四个调研组开展"解剖麻雀"式调研，深入柳州等4个市和三江等4个县（区）开展旧房拆除、住房建设面积、资金使用管理等有关工作的专项调研；自治区党委组织部、民政厅、农业厅（现农业农村厅）、人力资源社会保障厅、移民工作管理局（现自治区水库和扶贫易地安置中心）等移民搬迁专责小组进行了大量的深入调研。这些调

研，为"自下而上"的民意搜集提供了基础，为合乎实际的政策制定提
供了基础。在前期调研和汇集民意的基础上，相关部门先后研究制定了
《关于印发脱贫攻坚大数据平台建设等实施方案的通知（2016）》《关于
印发广西易地扶贫搬迁"十三五"规划的通知（2016）》《关于印发〈广
西易地扶贫搬迁工作整改方案〉的通知（2017）》《关于明确全区易地扶
贫搬迁资金有关问题的通知（2017）》《关于印发广西易地扶贫搬迁工程
2018年实施计划（2018）》《关于加强易地扶贫搬迁安置点基层组织建
设的指导意见（2018）》《广西壮族自治区人民政府办公厅关于印发全区
易地扶贫搬迁就业扶持工作实施方案的通知（2018）》《广西壮族自治区
人民政府办公厅关于加强易地扶贫搬迁户在迁出地耕地林地管理利用工
作的指导意见（2018）》《关于加强易地扶贫搬迁后续产业发展和就业创
业工作的指导意见（2018）》《易地扶贫搬迁对象迁出后原址土地资源管
理指导意见（2018）》《易地扶贫搬迁后续扶持资金的安排意见（2018）》
等集结各方面智慧、凝聚各政府部门力量的政策制度措施，为整个易地
扶贫搬迁工作提供了坚实的基础和高屋建瓴而又切合实际的顶层设计。
这些政策框架涉及扶贫数据平台建设、搬迁目标和扶贫目标、搬迁规模
和安置方式、资金测算和资金筹措方案、住房和基础设施建设、公共服
务设施、土地整治、产业发展和就业创业、迁出区生态恢复、社会保障
以及搬迁后续管理工作，并进行了周密的安排，这个工作极为宏大，又
极为细密，是前无古人的创举，是国家治理能力的集中体现。

第二，动员激励。动员激励的目的是使各参与者明确责任，增强内
在动力。从省市领导到基层搬迁干部，进行广泛的发动，使各级政府相
关人员都能对扶贫搬迁工作高度投入，切实履责。对各级干部和参与人
员进行相应的工作培训，建立分工明确、紧密合作、责任清晰的责任
制，并建立相应的激励机制。广西根据本地区易地扶贫搬迁的具体特
点，创新性地实行了"市包县、县包点"为主要内容的县级领导包点工
作责任制，包建设进度、工程质量、资金监管、搬迁入住、后续产业发
展、就业创业、稳定脱贫、考核验收等。全区所有集中安置点落实一名

县级领导干部牵头组建专门工作组，制定倒排工期实施方案，一包到底，全责落实。截至2019年1月，全区易地扶贫搬迁安置点共落实78位市级领导分片包县、476位县级领导包安置点、组成469个领导班子，成员达到3 000多人。为加强对各地易地扶贫搬迁工作的指导与督查，2019年年初组成了4个指导工作组共49人，由4位广西壮族自治区水库和扶贫易地安置中心领导担任组长，分别对应13个市78个县（市、区），实行"六包责任制"，即包沟通联系、包信息收集、包统筹推进、包问题协调、包任务完成、包社会稳定，及时发现和协调解决搬迁工作重点的问题和困难。

第三，统筹协调。统筹协调既涉及中央省—市—县（区）—乡镇村各级政府之间的协调，也包含着政府与市场的协调、各种参与主体（包括市场主体和非政府组织）的协调、各类资金来源的协调。要统筹各种社会力量，实施多元化易地搬迁扶贫战略。协调统筹迁出地和迁入地的相关政府力量、村委会、市场力量以及非政府机构，形成合力，各司其职，共同推进易地扶贫搬迁工作和后续管理工作。统筹行政力量和市场力量，充分发挥政府的引导协调功能和市场机制的资源配置功能，在产业发展、基础设施建设、就业创业等方面发挥市场机制的作用，把扶贫搬迁工作与当地的产业发展结合起来，利用当地的优势企业和优势产业加大对扶贫搬迁群众就业创业的帮扶力度。广西在易地扶贫搬迁过程中，注重各种力量的协调和互动，共同发力，有机整合，以避免政府孤军奋战。尤其是在产业发展、搬迁人口的就业创业方面，通过政府的协调，搬迁群众与企业签订就业协议，可以更多地引进企业力量，发挥市场机制的作用。截至2019年年初，有12.42万户52.89万人签订了后续扶持产业发展和就业创业协议。在就业创业和产业发展背后，是众多参与扶贫搬迁后续管理的企业，只有发挥企业的作用，只有产业发展起来，只有落实了就业，搬迁人口才能真正"搬得出、稳得住、能致富"。

第四，监督考核。对各级政府负责的易地扶贫搬迁工作进行合理的科学的评估、监督与考核，既是保证扶贫搬迁工作有效进行的基本手段，也是一种有效的激励和约束机制。如果没有科学的评估、监督与考核机制，扶贫搬迁工作就很容易流于形式，容易造成各级负责机构敷衍了事、责任不清，使扶贫搬迁项目最后往往成为形象工程，不但不能给搬迁群众带来福利，而且会有害于政风，造成很多腐败和渎职现象。广西壮族自治区党委组织部会同自治区移民搬迁专责小组制定印发了《广西壮族自治区易地扶贫搬迁安置点包点县级领导干部专项考核办法（试行）》，对包点县级领导干部进行专项考核，按照优秀、称职、基本称职和不称职4个等次评定包点县级领导干部，全面评估检查各地落实领导包点工作责任制执行情况和领导干部履职情况，2018年8月自治区抽调216人分成20个组对全区2017年包点县级领导进行了考核评定。经过科学的评定，2017年度易地扶贫搬迁安置点包点县级领导干部优秀等次35名（26个安置点）、称职等次440名（442个安置点）、不称职等次1名（1个安置点）。这种严格的评估和监督考核机制有力地推动了搬迁安置工作的进展，也保障了项目推动的质量，对相关负责人形成了有效的激励和约束。在项目安置点建设工作方面，加强项目管理监督，发挥国土、财政、建设、审计等各成员单位的功能，从严控制建筑面积和建房成本，完善项目建设标准和质量管理措施，执行质量管理责任终身制，做好项目竣工验收工作。

总结起来，广西易地扶贫搬迁的核心模式包含基础设施、就业培训、教育医疗、社会保障、产业带动、社区重建、文化融入、心理介入、生态恢复等九个方面：

第一，基础设施。基础设施主要是指迁入地安置点的住房建设和交通、通信以及其他生活设施建设，这是易地扶贫搬迁的首要工作，直接影响到搬迁群众的生活质量，搬迁群众主要通过新生活设施与原来生活设施的对比而决定是否搬迁。因此对基础设施进行有计划、高标准、低成本的建造，在基础设施建设中突出质量控制、突出实事求是原则、突出成本控制、突出民族特色与现代生活的统一、突出生活便利，是决定搬迁工作成功与否的关键因素。基础设施的建设既要以提升搬迁群众生活便利度和舒适度为目标，同时又要实事求是，不要定过高的标准，要有一定的财务标准，量各地财力而行，不可盲目追求高大上。广西在进行基础设施建设中进行了较为细密科学的规划，循序渐进，注重政策的配套和衔接。截至 2018 年 5 月 20 日，项目用地落实状况良好，2016 年广西易地扶贫搬迁项目计划用地 1 626.31 公顷，已经落实用地 1 626.49 公顷，项目用地落实率为 100%；2017 年项目计划用地 1 965 公顷，已经落实用地 1 973 公顷，落实率 100.4%；2018 年项目计划用地 305.95 公顷，落实用地 305.49 公顷，落实率 99.9%。从开工情况看，2016 年集中安置项目已经全部开工建设，已经竣工 162 个，竣工率 72%；分散安置 3 674 户。已开工 3 674 户，开工率为 100%。2017 年度集中安置项目 324 个已经全部开工建设，已经竣工 140 个，竣工率为 43.2%；分散安置 6 307 户，已经全部开工建设。2018 年集中安置项目 119 个，已经开工 106 个，已经竣工 12 个；分散安置 429 户，已经开工 121 户，开工率为 28.2%。从安置住房建设情况来看，2016 年广西计划建设住房 47 916 套，已竣工 47 554 套，住房竣工率为 99.2%；2017 年广西计划建设住房 96 062 套，已竣工 86 335 套，住房竣工率为 89.9%；2018 年广西计划建设住房 20 805 套，已竣工 2 540 套，住房竣工率为 12.2%。从搬迁入住情况来看，2016 年广西计划搬迁建档立卡贫困人口 21 万人，已搬迁入住 19.95 万人，搬迁入住率为 95%。2017 年广西计划搬迁建档立卡贫困人口 41 万人，已搬迁入住 27.20 万人，搬迁入住率为 66.3%。2018 年计划搬迁建档立卡贫困人口 8 万人，已搬迁入住 3 109 人，搬迁入住率为 3.9%。从总体来看，基础设施建设的难度很大，资金筹措和项目实施都需要一定的过程，需要循序渐进不可盲目冒进。随着基础设施建设的逐步到位，搬迁入户的工作也将逐步顺利推进。

第二，就业培训。对搬迁人群进行有针对性的就业培训是降低搬迁成本、使他们适应新的居住环境并获得就业机会的重要手段。要对搬迁人群进行适应新环境和适应新的公共服务系统的日常生活知识培训，使他们在新的环境中增强舒适感、幸福感和安定感；要对适合工作的人群进行技能培训，尤其是要结合就业和创业、鼓励企业参与对搬迁人群的岗前培训工作，使他们能够很快适应新的就业岗位，提高技能，获得稳定的收入。截至 2019 年年初，广西共有 11.75 万户 48.56 万人签订了就业创业培训协议，说明政府对教育培训问题的重视，当然在各地就业培训工作中还存在着供求精准对接不足、需要克服形式主义等问题。

第三，教育医疗。"软件"的公共服务体系建设和"硬件"的基础设施建设同等重要，而在公共服务体系建设中，为搬迁人群提供完善的教育和医疗服务是搬迁成功和可持续的关键，也是使搬迁群众心理稳定、增强幸福感的重要举措。搬迁人群在迁入地能够就近实现子女的教育、实现就近就医，就学就医的便利性是搬迁人群考虑搬迁成本收益的重要因素。广西在易地扶贫搬迁工作中注重落实教育资助政策，整合各种教育资源，全力保障易地扶贫搬迁户子女顺利入学，促使搬迁户子女都能获得公平的高质量的教育，这对于防止搬迁户子女失学辍学、进而阻断贫困的代际传递起到重要作用。如贺州市平桂区实施"土瑶"深度贫困村教育资助政策，寄宿就读学生全部享受经济困难寄宿生生活补助 1 000 元/(人·年)，向就读民族学校学生提供营养膳食补助 1 000 元/(人·年)，向 6 个深度贫困村到城区民族学校就读的学生提供交通补助 300 元/(人·年)，并落实寄宿学生课外辅导人员和生活管理人员补助经费。兴业县在强化扶贫搬迁地区的教育保障方面，坚持把最好的资源给教育，在安置小区旁边新配套建设幼儿园、小学、中学，共可容纳学生 8 000 余人，并高标准配足配齐师资力量，保持搬迁群众子女享受的教育扶贫政策不变，精准资助、应助尽助。这些举措，极大地改善了搬迁群众子女的教育状况，解决了他们的后顾之忧。医疗也是改善搬迁群众人力资本状况的重要因素，广西在扶贫搬迁过程中高度重视搬迁人群的医疗健康工作，新型农村合作医疗和大病保险政策向搬迁户倾斜，在迁入地为搬迁户实行周到便利的医疗服务，改善了搬迁户的健康状况。兴业县为更好地安排搬迁群众就医，加紧建设县中医院和城西社区卫生服务站，为搬迁群众开展家庭医生签约服务工作，落实各项医保政策，2018年城西社区卫生服务站正式启用，兴业县中医院门诊大楼也于2019年6月投入使用。广西在搬迁群众的医疗和教育方面下了很大气力，截至2019年1月，共有406个安置点配套有小学，389个安置点配套有幼儿园，370个安置点配套有医院、卫生站或医疗诊所，极大地改善了搬迁群众的医疗教育条件，使搬迁群众既能够"搬得出"，又能"稳得住"，为搬迁后续管理打下了基础，为搬迁群众的可持续发展、阻断贫困的代际传承打下了基础。

第四，社会保障。易地扶贫搬迁的难点在于解决搬迁人群的社会保障问题，包括搬迁群众的基本生活保障、基本养老保障和医疗卫生保障。搬迁人群脱离了原来的村社之后，失去了土地，生活成本相应增加，一些建档立卡贫困户的贫困补贴也相应被取消，因此应尽快建立社会保障体系，使搬迁群众能够在基本生活和养老医疗方面获得稳定的来源。基本生活保障是搬迁群众迁入安置点未就业前，按照城镇最低生活保障标准给予3个月的临时生活救助，养老保障是对参加城乡居民基本养老保险的建档立卡贫困人口（含在两年扶持期的脱贫户），由政府代缴养老保险，自治区政府和市区政府按比例分担。医疗卫生保障是针对建档立卡贫困人口、低保对象、特困人员和孤儿等困难人群参保，各级政府给予个人缴费全额或部分资助，对参保贫困人口实行财政倾斜。实践中，为推进社会保障精准性，应根据不同人群的差异性分类落实"五保"、低保、医疗救助等兜底性的社会保障政策，将符合条件的搬迁人群全部包含在内，统筹安排医疗保险、医疗救助、新型农村合作医疗、大病保险政策，健全养老保险体系，将各种社会保障制度加以有机整合，在解民忧、惠民生、保稳定、促和谐、为搬迁户提供一条稳固的防线，避免搬迁户再次陷入贫困陷阱。

第五，产业带动。产业发展是扶贫工作的枢纽，要带动搬迁人群的就业，增加搬迁人群的收入，最根本的途径还在于发展当地的产业。广西在易地扶贫搬迁工作进行过程中，充分考虑到后续搬迁人群就业和增收问题，把建设"扶贫车间"作为重要工作来抓，获得了显著的效果。如玉林市博白县推行"企业＋扶贫车间＋农户"的扶贫模式，加大资金扶持力度、落实税收优惠政策、做好引导管理等服务工作，全面推进"扶贫车间"建设。目前，博白全县经过认定的"扶贫车间"已有 20 个，计划再申报 17 个，有效激发了贫困户脱贫的内生动力。又如梧州市藤县金鸡镇在 2018 年金鸡镇易地扶贫搬迁集中安置点建设过程中，同步谋划实施建设扶贫车间，积极对接"企业进村"，引进了广东东莞的玩具企业，吸纳贫困户在家门口就业，既满足了贫困户"挣钱顾家两不误"的需求，又缓解了企业"招工难、用工贵"的困境。再如百色市汪甸瑶族乡易地扶贫搬迁安置小区于 2017 年 8 月开始建档立卡贫困户 122 户 547 人的搬迁入住工作，为确保易地扶贫搬迁户搬迁出来后有稳定的收入来源，迁入地右江区引进广西百色一个电子设备制造公司在安置小区内投资建设就业扶贫车间，可满足 120～150 人就业，企业内车间工人薪资平均 2 000 元/月，管理员薪资平均 3 000 元/月。百色市还结合当地搬迁群众的就业创业工作实际，强化政策顶层设计，制定出台《做好易地扶贫搬迁劳动力就业创业工作实施方案》《进一步加快推进全市就业扶贫车间建设管理工作的通知》《百色市支持村民合作社开展劳务服务促进贫困劳动力转移就业的若干政策措施》《百色市农民工创业就业补贴实施细则》等政策措施。截至 2018 年年底，百色市共认定就业扶贫车间 127 家，吸纳贫困劳动力就业 21 640 人，开发乡村公益性岗位 2 841 个，拨付补贴 1 269 万元。

第六，社区重建。易地扶贫搬迁使得贫困人群的、原有的社区网络被打破，这也就意味着搬迁群众数代人形成的社会网络和左邻右舍守望相助的生活方式被打破，从而使他们在迁入地必然经历一个比较艰苦的适应阶段。搬迁人群能否适应新的社区环境，能否在新的社区受到周到、细致、及时的服务，并把自己当成新的社区的一分子，对新社区有归属感和融入感，是决定搬迁工作是否有可持续性的重要因素。广西在易地扶贫搬迁过程中注重社区建设，完善社区管理制度设施，在社区内构建正式组织（党组织和政府社区服务组织）和非正式组织（各种协会、志愿者组织等），为搬迁人群提供服务，促使搬迁群众更好更快地融入新社区。自治区研究制定了《关于加强易地扶贫搬迁安置点基层组织建设的指导意见》，对集中安置点引入社区建设和管理机制，指导建立安置点党组织和自治组织，完善安置点工会、妇联等配套组织建设，统筹解决就业、就学、就医等社会公共服务问题和搬迁群众生活问题。截至2019年1月，共有269个安置点成立了社区党组织，267个安置点建立了社区委员会。有些安置点还根据搬迁人群的生活习惯，在周边建立了"老乡菜园"，一方面照顾了传统生活方式的传承，另一方面也降低了搬迁人群的生活成本。

第七，文化融入。易地扶贫搬迁的深层难点问题是搬迁人群由于文化适应性出现障碍而发生的文化融入困难，搬迁人群在文化的调适期内在传统文化形态和新型文化形态之间产生心理的不平衡和生活方式的紊乱，直接影响搬迁人群是否"稳得住"的问题。搬迁群众原来大多居住在深山区，地理条件比较封闭，社群环境比较简单，因此这些群众以往的生活方式比较质朴自然，社群生活宽松愉快，再加上各种民族传统节日和日常婚丧嫁娶等民俗活动，使他们的传统社群生活比较丰富、自然、生动、亲切；然而在新的社区内，人们的居住环境相对比较集中，改变了以往在山中散居的状况，而集中的居住、环境的狭仄，使大多数原居住在深山的搬迁人群难以适应。而且更重要的是，搬迁人群原有的居住环境中，公共空间的意义不明显，原有的用于节庆和公共活动的空间也一般不存在随意占用的问题，然而在新的聚居形态比较集中的环境中，尤其是住进了楼房，公共空间的意义就凸显出来，在公共空间遵守公共规则的意义也就凸显出来，而搬迁人群的公共规则意识不强，因此就容易发生所谓"公地的悲剧"，也就是对公共物品的滥用，因而容易激发邻里之间和社群内部的诸多矛盾。另外，新的社区的组织形式也与搬迁人群原来习惯的村落、宗族的组织形式完全不同，即使新社区的正式组织（如党组织、妇联工会组织、社区委员会等）再完善，搬迁人群一时也难以适应和信任这些新的社区组织。广西各地在易地扶贫搬迁的过程中，注重在重要节庆组织各种庆祝活动，通过歌舞等文化娱乐项目吸引搬迁人群参与，增强他们对新社区生活的亲切感，同时在活动过程中加入生活咨询、就业信息等环节，为他们排忧解难。当然，文化融入问题是一个复杂的长期的问题，不可能在短时期解决，要将社区建设、心理介入与文化融入问题统筹解决并逐渐机制化和常态化，才能获得良好的效果。

第八，心理介入。心理问题与文化融入和社区建设密切相关。解决搬迁人群心理问题的方法是利用各种社区管理手段和多元化的组织形式，对搬迁人群进行心理介入，及时疏导，解决问题。在广西，在搬迁人群适应新环境的心理调适期内，一旦出现各种心理障碍或社区内出现各种矛盾，可以得到社区委员会和党组织、工会、妇联以及其他社区服务组织的及时化解和疏导，消除他们的孤独无助感，使搬迁群众顺利度过心理调适期，更好地融入新的生活。贺州市平桂区在一些学校还设置了心理辅导室，配备了专职的心理健康指导老师，为孩子们进行心理疏导。这些做法都值得进行机制上的升华，设计一套常态化机制来保障社区重建过程中搬迁人群的心理调适。在新的社区，为让搬迁群众不仅能够享受"病有所医、学有所教、幼有所育、老有所养"，而且能够让他们感觉心情舒畅，有事情可以找到"亲人"倾诉，及时化解心中的苦闷以及由生活方式变化和社群环境变化带来的孤独感。社区内也应该多组织相关的集体活动，如搬迁人群喜闻乐见的民族舞蹈和歌唱活动，在一些重要的民族传统节日可以通过举办集体的庆祝和祭祀活动来改善搬迁人群的心理状况，增强他们的归属感和幸福感。

第九，生态恢复。搬迁之后的重要工作之一是恢复迁出地的生态，因此拆旧复垦和生态恢复工作在搬迁之初就应该统筹考虑。搬迁人群原来居住的地方，尽管生态比较脆弱（多数属于山区，还有喀斯特地貌），但其生态价值很高，需要进行科学的保护，一些地方在生态保护的前提下可以进行一定程度的旅游开发，一些拆除旧房之后的空闲宅基地可以进行耕地的复垦，使其重新恢复农业生产能力。要根据每个地区的情况和每户的具体情况，科学鉴定土地和环境的性质与质量，精准施策：适合严格保护的就进行严格保护，不再进行耕地的复垦，将这些宝贵的生态资源保护好有利于整个区域的可持续发展，要涵养水源，植树造林，恢复植被，防止生态的恶化；对于那些适合在一定的保护基础上合理开发的地区，应该发展那里的文化旅游康养产业，这些产业发展的前提是不破坏环境，能够与环境保持共生和谐；适合复垦为耕地的，则进行复垦，在不破坏原有生态的前提下进行农业生产。广西在拆旧复垦工作中严格甄别各种情况，统筹考虑拆旧和复垦工作，把搬迁跟生态保护结合起来。2019年1月25日马山县人民政府在该县白山镇玉业村加任屯召开易地扶贫搬迁拆除旧房现场会，白山镇介绍了该镇易地扶贫搬迁拆旧复垦工作主要做法："一摸、二讲、三分、四拆、五补、六复垦"。"一模"就是摸清底数。摸清搬迁户旧房结构、拆旧意愿和当地土地状况，以便因户施策，精准施策；"二讲"，即讲透政策，讲清拆旧复垦政策红利。"三分"即分类施策，坚持因村而异，不搞一刀切。"四拆"，即组织专业力量进行旧房拆除。"五补"即旧房拆除完成后，及时验收并把奖励资金发放到搬迁户手中。"六复垦"即彻底清除建筑垃圾，按标准开展耕地复垦工作，同时加大对当地生态环境的保护力度，尽力恢复生态。未来还可以进行综合的文化旅游康养园区的设计，推动当地的生态恢复与保护。

四、景宁"大搬快聚富民安居"工作特征

（一）思想高度重视，把异地搬迁工程作为扶贫开发的头号扶贫工程

从县级层面，成立指挥部，把推动新型城镇作为推动城乡统筹发展的主抓手。针对边远山区村庄凋敝，人口大量外流，且大部分群众特别是低收入农户在城镇居无定所的实际，在"十二五"搬迁近万人的基础

上，本届政府连续大力实施大搬快治和大搬快聚工程，强力推进农民异地搬迁，努力通过下山移民这个好载体、好政策来解决"扶不准""扶不起"和"扶不住"等扶贫开发老大难的问题，得到广大群众的衷心拥护和支持。

（二）创新安置方式，把异地搬迁作为统筹城乡发展的重点工程

一是从乡镇分散安置为主向全县城区集中安置为主转变。特别是摆脱以往一个安置小区不足千人的零星安置方式，整合低丘缓坡开发和异地搬迁两大政策，在澄照建设农民创业园，紧紧地把农民异地搬迁工作与城镇工作紧密结合起来，真正推动城镇化、工业化、信息化和农业现代化同步发展。二是从以直房安置为主向"公寓型"安置为主转变。提高政策增补，鼓励农户采取公寓型安置方式。三是从点状分散式安置向"连点成线、结线成面"集群式安置转变。把异地搬迁工程作为推动农村人口和生产力二次布局的有力抓手，推动农村人口有序集聚，在把县城打造为最大安置点的同时，沿着县城布局和打造风情环线和生态环线，形成山区"环形"发展新模式，让农民可结合自身实际选择城乡安置点，切实解决城区产业支撑严重不足问题，同时也解决好 10 平方千米和 1 950 平方千米之间的资源整合和优化配置问题，提高城乡融合发展水平。

（三）打造美丽新家园，把异地搬迁作为建设美丽畲乡的引领工程

把美丽乡村建设的经验引入异地搬迁工程，坚持高标准设计安置小区、高标准建设民房，集中统一改造房屋外立面，将异地搬迁安置小区全力建设成美丽新家园。一是整合各类资金对所有在建的乡镇安置小区的基础设施建设进行全面提升，特别是在亮化、绿化、美化方面加大投入力度。二是每年整合各类资金对安置小区外立面进行统一改造，并结合畲乡特色，推动畲族文化符号上墙。三是着力美化农村水环境，彰显

江南水乡特色，营造"水灵气"环境。四是结合"花样农家"的发展，支持农户发展民宿，提高美丽新家园的共建共享水平。

（四）拓展搬迁范围，把异地搬迁作为创新民族工作的德政工程

大搬快聚工程，结合村庄优化调整，把一些国家公园内村庄、没有发展条件的村庄、依山傍水村庄、群众搬迁意愿强烈的偏远村庄纳入搬迁扶持范围。在提高畲族群众异地搬迁补助的同时，再创新性地把异地搬迁工作与民族工作结合起来，建设畲族群众聚居区。出台金山洋安置小区政策及安置政策，建设二期创业园畲族集聚小区，重点安置全县偏远山区畲族村搬迁群众，全面提高畲族群众居住环境的现代化水平。

（五）强化资金监管，把异地搬迁作为促进作风转变的阳光工程来抓

异地搬迁工程资金投入量特别大，每年要整合各类资金 5 000 万元以上，引导群众投入资金近亿元，推动这项民心工程和德政工程。管理好这项涉及千家万户和数亿之巨的扶贫资金成了这项工作的一大重点和难点。为此，建立严密的资金管理机制，严格按照省定办法管理，坚持程序全部公开、所有重要环节全部公示，用政策"一把尺子"量到底的"阳光操作"办法进行管理。

五、景宁"大搬快聚富民安居"工程与宁德模式的比较

（一）景宁"大搬快聚富民安居"工程与宁德模式的相同点

1. 外生性扶贫与内生性扶贫相结合

景宁县在实施"大搬快聚富民安居"工程过程中，既注重了基础设施的建设，更注重了搬迁农户自生能力的提升。如 2019 年，大均乡举办大搬快聚搬迁对象产业技术培训会，共有大均乡搬迁农户 50 余人参

加。培训会特别邀请了景宁县农业农村局茶叶首席专家、国家高级评茶员等相关专家，通过现场采用教授理论知识与座谈交流解惑等多种教学方式，针对茶叶种植的环境条件、栽培技术、茶园培育管理、茶叶采摘等方面内容做了详细讲解，并一一解答学员在实际生产种植中碰到的问题和困难，提醒强调种植过程中的注意事项。通过此次培训，进一步提升农户茶叶种植、管理水平，推动大均茶叶产业的发展，实现群众增收致富的目标。

在金融支持方面，景宁通过整合行政、政策、金融等各方面资源，于 2011 年首创了"政银保"合作扶贫小额扶贷模式，即通过政府统一购买"贷款保险"并贴息，银行凭保单向低收入农户发放贷款的方式。"政银保"解决了"低收入农户贷不到款""银行不想放贷"等问题。某搬迁农民获得"政银保"贷款 8 万元（3 年免息），在 2015 年与人合伙开了一家玻艺装饰行，成为全县仅有的两家玻璃店之一，月营业额最高达到 20 万元。

从 2011 年至 2021 年 3 月份，景宁共发放"政银保"贴息贷款16 223 笔，贷款总额 8.31 亿元，受益低收入农户 16 156 户次，未发生一笔不良贷款记录。此外，景宁还推出"脱贫保、防贫保"责任保险金融扶贫项目，解决低收入农户因病致贫、因病返贫等问题，目前已提供医疗救助、助学帮扶资金 744.17 万元，帮助困难民众 2 903人次。

2. 扶贫工作精准化

2019 年以来，政策体系、工作体系、指标体系、评价体系全面建立。县委、县政府主要领导常常亲自上阵，调度指挥，通过听取汇报、会议部署、一线调研督导等方式，协调解决大搬快聚推进过程中的难点堵点。各乡镇均成立了搬迁工作领导小组，村"两委"及党员干部为小组成员。从进村入户宣传、搬迁资格审核到搬迁房屋拆除、搬迁补助发放等过程中，乡村两级党员干部充分发挥了先锋模范作用。通过近两年的搬迁工作实践，乡镇分管、业务人员、驻村干部、村"两委"干部熟悉了大搬快聚搬迁政策，形成了人人懂业务、个个是专家的新工作局面，做到精准扶贫，精准施策。

（二）宁德模式对景宁"大搬快聚富民安居"工程实践的启示

1. 扩大社会参与

景宁在实施"大搬快聚富民安居"工程中，主要依靠"自上而下"的行政力量推动。今后工作可以进一步注重政策取向的多元性和参与主体的多元性。在政策制定过程中，广泛发挥不同社会阶层的作用，集思广益，争取最大社会公约数。在具体工作中，鼓励企业家、社会公益人士、志愿者、教育工作者、金融机构、人民团体等不同主体，广泛参与"大搬快聚富民安居"社区建设、产业培育、社会保障等后续工作，形成"全民参与、协同推进"的系统性合力。

2. 建设长效机制

宁德的内生性扶贫重在培养农民的主体性意识，发挥农民自己的主动创新精神。景宁"大搬快聚富民安居"工作，要进一步注重培养搬迁群众的首创精神，"自上而下"与"自下而上"相结合，通过制度创新，建设长效的农民合作机制、产业联动机制、社区治理机制、民族文化开发机制、农村金融和小额信贷机制等，实现搬迁群众的持续增收，走上共同富裕道路。

六、景宁"大搬快聚富民安居"工程与广西模式的比较

（一）景宁"大搬快聚富民安居"工程与广西模式的相同点

1. 顶层设计严密

无论是广西易地扶贫搬迁，还是景宁推进"大搬快聚富民安居"工程，都建立了系统、科学的规划，进行了合理且切合实际、具有可操作性的顶层设计，制定了一系列相互配套的政策和方案，如先后出台了《关于印发景宁畲族自治县下山移民工作实施意见的通知》《关于加快农

民异地转移促进农民增收的实施意见》《关于印发景宁畲族自治县下山移民工作补充意见》《景宁畲族自治县农民异地转移县城公寓安置工程实施办法》《景宁畲族自治县农民异地转移乡镇公寓安置工程实施办法》《景宁畲族自治县农民异地搬迁实施办法》《景宁畲族自治县地质灾害避让搬迁实施办法》《景宁畲族自治县大搬快聚富民安居工程指导意见》等。

在执行过程中，主要领导干部带头干在第一线，充分了解各方利益诉求，集中民意，统筹协调。各乡镇均成立了搬迁工作领导小组，村"两委"及党员干部为小组成员。在进村入户宣传、搬迁资格审核、搬迁房屋拆除、搬迁补助发放等过程中，很多乡镇分管干部、业务人员、村"两委"干部已经把手上的宣传工作手册、操作手册，熟记翻"透"翻"烂"。

在监督考核中，丽水市出台了《"大搬快聚富民安居"工程季度督查办法》，以实地查看、基层座谈、查阅资料、随机抽查等方式对各县（市、区）的组织保障、搬迁对象、金融支持、安置小区建设、就业培训情况进行督查，杜绝瞒报、漏报、虚报等情况。在情况汇总的基础上，撰写督查通报，发布基本情况、存在问题和后续整改措施及要求。在 2020 年第三季度督查通报中，景宁县"大搬快聚富民安居"工作获得了小组第一名的成绩。

2. 硬件、软件建设并举

景宁县筹集大量资金进行了安置小区建设，2019 年财政安排小区基础设施项目建设 3 993.5 万元，2020 年下达三批搬迁补助资金共计 5 197.05 万元（其中省补资金 2 399.82 万元、县财政配套 1 064.81 万元、融资 1 732.42 万元）。

在安置小区建设过程中，推进公共服务体系建设；引入优质教育资源，使搬迁户子女能够获得公平的高质量的教育，提升了搬迁群众的幸福感，确保安置群众"搬得下""稳得住"。"群众搬迁到哪里，社会保障就延伸到哪里"，教育医疗、创业就业、社区管理、公共文化等各方面的后续服务工作不断完善。

（二）广西模式对景宁"大搬快聚富民安居"工程实践的启示

1. 加强社区治理

易地搬迁使得搬迁群众原有的社会网络和左邻右舍守望相助的生活方式被打破，使得他们需要经历一个适应阶段。景宁在"大搬快聚富民安居"工作中，宜更加注重社区建设，完善社区管理制度（如户籍制度），让搬迁人群在新社区产生强烈的认同感和获得感。注重发挥正式组织（如党组织和政府社区服务组织）和非正式组织（各种协会、群众社团、志愿者组织等）的作用，满足搬迁群众作为"社会人"的需求，使他们更快更好地融入新社区。对于部分不能很快适应新生活环境的搬迁人群，要提供及时的心理疏导，解决问题。特别是老人和青少年，在心理调适期内，一旦出现各种心理障碍和社区内的各种矛盾，应该第一时间从社区委员会和党组织、工会、妇联以及其他社区服务组织得到及时化解和疏导，打消他们的孤独无助感，使其能够更好地融入新的生活。学校可以设置心理辅导室，配备专职的心理健康指导老师，为孩子们进行心理疏导。社区内也应该多组织相关的集体活动，如搬迁人群喜闻乐见的民族舞蹈和歌唱活动，让搬迁群众享受到"病有所医、学有所教、幼有所育、老有所养"，从而增强他们的归属感和幸福感。

2. 注重文化融入

搬迁群众如果由于文化适应性出现障碍发生文化融入困难，将构成易地搬迁的深层难点问题。搬迁人群在原有文化形态和新型文化形态之间产生心理的不平衡和生活方式上的紊乱，直接影响他们是否"稳得住"。搬迁群众以往的生活方式比较质朴自然，社群生活宽松愉快，特别是畲族群众拥有自身特色的民族生活方式和民俗活动。大搬快聚之后形成新的社区，人们的居住环境相对比较集中，尤其是住进了楼房，公共空间的意义就凸显出来，遵守公共规则也成了应有之义。如果搬迁人群的公共规则意识不强，就容易激发邻里之间和社群内部的诸多矛盾。

在"大搬快聚富民安居"工作中，注重保留搬迁群众特别是少数民族群众的特色文化和传统民俗，有助于增强他们对新社区生活的亲切感，减少文化冲突和心理落差。

七、本章小结

本章结合经济史和改革史分阶段梳理了我国扶贫开发的历程，揭示了我国扶贫开发政策理念、工作方式、工作重点的演变逻辑。总结了我国扶贫实践的主要做法，揭示了在扶贫工作中曾经存在的不足之处。

介绍了从外生性扶贫到内生性扶贫的典型模式——宁德模式，概括了宁德模式的主要内容，即三个方面的转变：从外生性扶贫到内生性扶贫的转变；从粗放型扶贫向精准式扶贫的转变；从单一型扶贫向系统型扶贫的转变。介绍了广西易地扶贫搬迁实践中建立的"顶层设计—动员激励—统筹协调—监督考核"四位一体机制。从基础设施、就业培训、教育医疗、社会保障、产业带动、社区重建、文化融入、心理介入、生态恢复等九个方面概括了广西异地扶贫搬迁的核心模式。

本章概括了景宁"大搬快聚富民安居"工作特征，即思想高度重视，把异地搬迁工程作为扶贫开发的头号扶贫工程；创新安置方式，把异地搬迁作为统筹城乡发展的重点工程；打造美丽新家园，把异地搬迁作为建设美丽畲乡的引领工程；拓展搬迁范围，把异地搬迁作为创新民族工作的德政工程；强化资金监管，把异地搬迁作为促进作风转变的阳光工程。

在此基础上，本章比较了景宁"大搬快聚富民安居"工程与宁德模式的相同点：一是外生性扶贫与内生性扶贫相结合；二是扶贫工作精准化。宁德模式对景宁"大搬快聚富民安居"工程后续工作的借鉴意义在于：一是扩大社会参与，形成"全民参与、协同推进"的系统性合力；

二是建设长效机制，发挥农民自身的主动创新精神。

本章也比较了景宁"大搬快聚富民安居"工程与广西模式的相同点：一是顶层设计严密；二是"硬件""软件"建设并举。广西模式对景宁实践的启示在于：一是加强社区治理，发挥正式组织和非正式组织的作用；二是注重文化融入，增强搬迁群众对新社区生活的亲切感，减少文化冲突和心理落差。

第五章
景宁"大搬快聚"中短期需要解决的问题

一、精准对接产业，助推居民增收

"大搬快聚"是手段，"富民安居"、共同富裕才是目的，精准发展产业是实现这个最终目的的根本保证。首先，要坚持"大搬快聚富民安居"与特色产业对接。如加快转变农业发展方式，推进农业现代化，发展"高山600"优质特色种植业，培育和发挥产业集群效应。鼓励有条件的地方推动"公司＋专业合作社＋基地＋搬迁户"模式，引导种植、养殖业龙头企业，带动搬迁群众持续增收。其次，坚持"大搬快聚富民安居"与产业园区对接。将移民安置与新型城镇化相结合，将移民就业与产业园区相结合，将移民增收与产业用工相结合，建设集居住、工作、休闲、餐饮、娱乐、学校、医疗等为一体的综合性安置区块。最后，坚持"大搬快聚富民安居"与劳务经济对接。鼓励农产品加工、中药材加工、旅游开发、电子商务等龙头企业吸纳有劳动能力的搬迁户就业，使他们通过提供劳务增加收入。

二、优化工作方式，建设创业型社区

加大对搬迁户劳动技能培训的财政投入，鼓励、引导民间资本，完善农村职业培训体系，提高他们的文化素质和职业技能，以融入更高的社区和圈层。充分发挥民族地区优势，将"大搬快聚"与旅游开发、畲族特色村寨建设深度融合，开发旅游资源，传承民族文化，改善人居环境。

做好顶层设计，依托安置小区建设创业基地。投入资金和智力资源，围绕区位做文章，支持鼓励搬迁户进入基地创业。通过提供免费创业培训、补贴场地租金、小额担保贷款贴息、税费减免、创业成功奖励、提供社保补贴等帮扶措施，培育一批创业能人，并带动更多搬迁户发展致富。

具体而言，建设"创业型社区"，政府可以做好以下三方面工作：第一，完善"创业社区"的就业、创业指导辅助体系。建立专门机构，对"创业型社区"进行指导与服务，或引进培训外包服务。发掘、扶持创业苗子，以点带面激发社区创业活力。第二，建立"创业社区"的孵化器。政府主导建设孵化器，除了提供优惠措施和创业指导，引进一批优质企业，形成良好营商环境。发挥样板示范作用，带动更多搬迁户创新创业，发展壮大。第三，改善"创业社区"的金融条件。构建完善的金融扶持体系，在搬迁户创业初期，政府出台优惠政策提供一定的低息担保贷款或者财政贴息贷款；在搬迁户创业成功之后，由地方中小银行和其他金融机构提供商业金融支持。如提高小额贷款额度；创新信贷产品，满足不同层次、不同发展阶段创业者的差异性融资需求。

三、加快建设进度，强化安全监管

简化审批流程，缩短工程建设周期。将建设项目审批流程归并为项目决策、用地审批、规划报批、施工许可和竣工验收等五个阶段。每个阶段由牵头部门统一组织，建立"多规合一"业务协同平台，实现信息透明和高效的业务协同机制。避免多头审批或重复审批，解决审批流程"碎片化"状态。

"大搬快聚富民安居"是一项重大的民心工程和政治任务，必须加强建房安全监管，狠抓工程质量。首先，要加大"大搬快聚富民安居"工程项目监督检查，落实监管措施和责任人，落实工程项目法人责任制、招标投标制、建设监理制和合同管理制要求，确保全部开工项目均纳入工程质量监管范围。其次，各乡镇要对配套基础设施项目实行全监管，发现问题立即整改，确保工程质量和安全。最后，进一步落实参建各方主体质量安全责任，按照工程质量要求和建筑施工规程，精细施工、安全施工。

四、加大拆旧复垦，保障群众权益

拆旧复垦的工作重点不在于拆除房子本身，而是在于消除搬迁户后顾之忧，让他们有获得感和幸福感。拆旧复垦工作中，要充分保障群众权益。一是搞好搬迁户的短期发展保障，解决现实生活生产急需。二是切实保障搬迁农户的地权、林权收益。乡镇要按时完成农村土地承包经营权确权登记颁证工作。对宅基地复垦形成的土地，及时确权登记颁证赋予搬迁农户相应的承包经营权。对搬迁农户利用承包地退耕还林、经村集体经济组织同意对未利用地进行植树造林形成的林木及时进行确权登记颁证赋予相应的林权。对未发包的村集体耕地、村集体山林地，按照搬迁农户应占份额，由村集体经济组织及时进行确权登记颁证赋予相应的股权。三是做好宣传动员工作，加大执行力度。将政策宣传到户，将工作责任到人，细化责任分工，明确时间节点，讲清政策法规和补偿细则，严格按照标准开展拆旧复垦。

五、加强新型社区治理，化解矛盾纠纷

景宁县实施"大搬快聚富民安居"工程，出现了许多新型社区，抓好社区发展和管理问题，关系到搬迁户能否"稳得住"，关系到整个搬迁工作的成败。一是要全面提升社区服务能力。落实兑现有关政策，努力提升安置区公共设施服务水平和管理能力，给群众营造一个安心舒适的居住环境。二是加强基层治理。建立在基层党组织领导下的村民自治组织，引导新型社区从政府管理模式向自治管理模式转变。村民自治组织负责管理社区公共事务，组织公益事业建设，代表村民向办事处反映群众意见和建议，实现村民自我管理、自我服务，增强新型社区内生发展动力。三是加强法制宣传，推动和谐搬迁。增强搬迁群众维护自身权益、维护社区稳定意识；发掘、评选并表彰一批文明搬迁、成功致富的典型案例，营造和谐搬迁环境，弘扬社会主义核心价值观。四是强化警示教育，建设"阳光村务工程"。将党员初心教育、党史教育和警示教育放在突出位置，针对农村干部的工作特点和容易诱发职务犯罪的薄弱环节，通过典型案件开展警示教育。同时，推进村务阳光化，理顺各种资金管理体制，对大搬快聚相关资金的性质、发放、流向严格监督，按规使用。完善村级财务管理制度，规范各类资金开支；实行村务公开，自觉接受群众监督；实行村级财务定期审计制度，由乡镇纪监部门牵头，对村级财务进行审计；严格落实农村议事规则，增加决策透明度和准确性。五是完善搬迁移民信访维稳机制。异地搬迁信访维稳机构要具备专门人员和办公场所；建立移民维稳处置机制和安置点（小区）联络员制度，处理突发性上访应急问题，及时掌握各安置点（小区）搬迁群众生产生活状况，尽早摸排掌控不稳定因素，为上级政府稳控工作提供

科学的、可操作的对策建议。

六、在"大搬快聚"中加强畲族文化保护传承

首先，对畲族搬迁户聚集区的建设规划进行统一设计。根据少数民族风俗习惯，合理布局规划搬迁安置点（小区）。在设计人居环境时，充分考虑畲族群众审美观和民俗特点，将建筑风格和民居传统特色、民族文化元素有机结合，让畲族搬迁群众既享受到现代家居文明的便利，又不失传统生活方式的亲切感和舒适感。其次，加强畲族群众安置社区的文化设施配套建设，保持少数民族文化风情。有条件的地方，可以建设民族艺术博物馆和民俗风情博物馆等。最后，做好畲族文化资源的发掘、排查和登记，以及后续规划和帮扶工作。收集畲族搬迁群众的文化特征和文化需求，做好物质文化、非物质文化和民族传统技艺的调查登记。充分发掘民间工艺人才、工匠人才和艺术人才。对少数民族传统村落特色民居、公共设施、特殊生产生活工具登记造册，以利保护收藏或开发。

第六章
从大搬快聚到共同富裕：景宁中长期展望

一、生态经济化 打好"生态牌"

（一）建设"景宁600"品牌体系

景宁县境内海拔 1 000 米以上高峰将近 800 座，为浙江省高山最多的县，属于典型的"九山半水半分田"地貌，生态环境质量长期名列全省乃至全国前茅，生态优势非常明显。近年来景宁积极发展现代优质农业产业体系，已形成粮油、惠明茶、水果蔬菜、食用菌、中药材、畜牧六大主导产业，"名、特、优、新"生态精品农产品产业带建设初具成效。农产品质量安全不断强化，截至 2019 年，全县农产品质量安全追溯覆盖率达 100%。

但是由于区位和自然禀赋条件制约，景宁县农业产业化发展面临生产成本高、劳动力短缺、企业小散弱、经济效益不高等问题。鉴于景宁县 600 米海拔以上山区光照充足，昼夜温差大，雨水充沛，农作物生长期较长，农产品品质和口感较好。景宁惠明寺、敕木山及其他区域的畲族聚居村坐落在海拔 600 米以上山区，且从事古法农耕生活，地方特色鲜明，人文内涵特殊，景宁县提出了具有畲乡区域特色的"景宁 600"农产品区域公共品牌，并以此促进农业规模化和产业化发展，打造长三角高端优质精品农产品供应基地。

发展景宁现代优质农业产业，一是要以打造"景宁 600"区域公共品牌为核心，丰富品牌内涵和产品体系，将"景宁 600"打造成全国县域生态优质农产品标杆。坚持"丽水山耕＋景宁 600"母子品牌体系的方向，借梯登高，借船出海，不断丰富"高山＋有机"的品牌内涵，让"景宁 600"成为丽水山耕品牌体系中的王牌。二是集成"丽水山耕＋景宁 600＋X"品牌体系，加快构建"景宁 600"产品的市场准入体系，包括 SC 食品生产许可认证、HACCP 认证、ISO 22000 认证、食品检测、实验室 CMA 和 CNAS 认证，以及"景宁 600"产品特有的有机认证和绿色认证，通过加快各方面的认证步伐，不断加快整个品牌体系的市场化程度。给"景宁 600"品牌贴上生态循环农产品的质量标签，成为高端消费市场最安全的精品农产品之一。三是要坚持供给侧改革，以市场需求为导向，突出优质化、绿色化、品牌化，发挥"景宁 600"精品农产品展示展销中心的集成和窗口功能，形成线上线下无缝衔接的产品展销体系。全面开拓飞柜经济，推进农超对接，推动"景宁 600"农产品走入省市机关事业单位食堂、500 强企业单位食堂、未来社区定制配送等稳定优质渠道。四是强化"景宁 600"最纯真的生态农产品定位，大力推广"稻田养鱼""茶园养羊""果园养鸡""农户养兔""森林养蜂""林下种药"等互利共生的生态循环农业模式，杜绝"大肥大药"，加快发展"惠明茶＋特色农业"的农产品体系。五是规划建设"景宁 600"农产品加工服务中心，解决产品加工程度低和产业链不长的问题，有效注入公共资源，降低生产流通成本，提高整个产业链效率，调动各方面积极性。

（二）发展惠明茶主导产业

惠明茶是景宁县特产，据《景宁畲族自治县志》记载，唐大中年间（847—859 年），景宁已种植茶树。咸通二年（861 年），惠明和尚建寺于南泉山（今景宁县鹤溪镇惠明寺村），惠明长老和畲民在寺周围辟地种茶，因此得名"惠明茶"。惠明茶色泽翠绿光润，冲泡后滋味鲜爽甘醇，汤色清澈，嫩匀成朵，芽芽直立。2010 年 5 月，惠明茶被批准为中国国家地理标志产品。

围绕把惠明茶打造成县域主导产业这一核心目标，要全面落实《景宁畲族自治县促进惠明茶产业发展条例》及其《实施办法》，大力推进"种茶白茶化、管理有机化、经营合作化、卖茶干茶化"，重点发展和提升海拔 600～800 米高品质有机茶园。

在供给端，一是要调整优化茶产业结构，扩大有机茶园、绿色生态茶园基地规模。二是要建设精深加工中心，完成 SC 等相关认证手续，按照产品标准等级，进行加工包装，统一惠明茶包装形象。三是要扶持培育公司基地大、掌握核心炒制茶技术、有带动茶农发展能力的龙头企业。

在营销端，一是赋予惠明茶"高山云雾茶＋有机茶＋禅茶"的品质内涵，彰显其"兰香果韵"的茶中珍品特质，让其成为"景宁 600"区域公共品牌的龙头品牌和拳头产品。二是加大品牌宣传力度，实施惠明茶品牌营销策划，每年安排专项经费用于惠明茶广告发布，支持茶业主体在重点目标城市宣传推广惠明茶。县融媒体中心开设专栏，专题宣传惠明茶，并在各类大型茶事活动和展示展销活动中，积极与中央、省、市级主流媒体进行合作联动宣传。三是积极组织茶业主体参加各类展示展销活动，鼓励企业和个人参加上级政府部门组织的名茶评优活动及手工制茶比赛活动。四是加强惠明茶营销网点的建设，在北京、上海、南京、杭州等目标城市开设展销店，使用惠明茶统一标识元素进行装饰。

支持开设茶楼、茶馆、茶餐厅、茶养生馆、茶书院等茶主题空间，打造集生产、加工、销售、观光、教育为一体的综合性多元化经营单位。五是加强电子商务营销，支持建立全县性惠明茶线上平台。六是利用每年农历"三月三"期间的惠明茶文化周，开展惠明茶开茶节、全国茶商畲乡行、采茶大赛、制茶大赛等活动，常态化开展茶艺表演、现炒现卖、品茶问茶、茶主题游学等茶事活动。七是与上海静安寺深化合作，以静安寺门店为切入点，努力把其打造成惠明茶在上海的宣传窗口，促进生态茶向文化禅茶提升，共同打造惠明茶的高端品牌形象。

（三）发展中药材产业

近年来，景宁县中药材种植规模稳步提升，多花黄精、覆盆子等草本药材种植规模迅速扩大。全县已形成多花黄精、覆盆子、金银花产业示范区3个，建成千亩黄精基地1个，百亩药材基地12个，创建丽水市道地中药材示范基地2个。种植模式由传统的农户分散种植向集约化、规模化、专业化种植发展。景宁畲医和畲药具有其独特的民族特色，近年来景宁县政府通过建设畲药馆、黄精馆，举办畲药文化养生节等活动加大了对畲药文化的推广与传播。

景宁中药材产业发展还存在着诸多方面的问题。如种植管理水平和规范水平不足，导致种植成活率偏低、药材品质下降；部分农户容易跟风入市，缺乏现代商业技能和市场意识，抗风险能力较弱，影响到中药材产业稳定健康发展；资金扶持有限，技术力量薄弱，缺乏专业专职技术人员；行业管理各自为政，"九龙治水"，难以形成监管合力。

发展景宁中药材产业，一是要充分利用雁溪、大地、标溪、梧桐、大均、东坑等环线乡镇的公路沿线大量闲置土地，结合原有中药材较好的产业基础，发展5 000亩以上的"畲五味"中药材，重点打造雁溪、标溪黄精主产区。推广"空间利用＋时间尺度"的共生康养农业技术，发展以"年份中药"为主的"时间农业"，打造中药产业园。二是在生产标准化、品牌包装整合、药材初加工等环节加强引导，形成核心中药材产品，延长生产链，增强市场竞争力。鼓励县内外企业、科研机构、民间资本投资建设中药材精深加工企业和研发中心。研发符合市场需求的生物医药保健产品，提高产业总体经济效益。三是加强政策支持和监管服务，提升企业和农户种植管理水平、专业技术知识和现代商业技能，增强市场敏感性和抗风险能力。四是依托"丽水山耕""景宁600"区域公共品牌优势，通过"畲草堂""畲森山"等企业品牌推动中药材产业跨越式发展，不断提升品牌影响力和知名度。加大畲药文化开发和传播推广，使之成为景宁县的特色名片。

（四）发展乡村休闲旅游业

1. 强化全域旅游支柱产业地位

发挥景宁生态优势，夯实全域旅游支柱产业地位，创建国家全域旅游示范区。围绕"古老风情的奇妙体验"全域旅游发展定位，深度挖掘民族文化和生态特色，打造以山水为载体、以民族文化为依托的瓯江山水诗路文化带，全面推进全域景区化，形成全域旅游大美新格局。以畲乡风情特色游为核心，协同打造森林康养游、运动休闲游、乡村度假游、红色文化游，构建"1+4"旅游产业体系，市场化推进"中国畲乡三月三"系列旅游产品开发，串珠成链形成全域旅游聚势效应。联合文成、泰顺等生态最优县，建设中国东部"绿三角"。

（1）着力发展畲乡风情特色游。深入推进文化基因解码，将畲族元素植入艺术作品创作、文化节庆活动、景区规划设计、文创产品研发，推出一批畲乡风情特色游核心产品，建设一批畲乡文旅地标，创成5A级景区城。打造一批旗舰型、引擎型高等级旅游景区，推出更多场景化、沉浸式旅游消费新业态。推进千年山哈宫、惠明禅茶文化产业园、那云·天空之城、百鸟朝凤等项目，打造环敕木山畲族风情旅游带2.0版。以畲乡之窗景区为核心，延伸拓展到云和雾溪，建设云景聚落发展区块，高质量打造国际畲乡风情旅游目的地。西起百山祖国家森林公园，东至千峡湖，沿溪沿湖发展一批具有地方民俗风情，融入山水风光、植入文化元素的创意农业综合体，并与云和梯田、长汀沙滩等相辅相成，积极谋划和推进国家森林公园科普智慧园、葛山星空营地、鸬鹚马仙民俗文化、鸬鹚南坑下稻鱼共生始发地、沙湾季庄藏在油菜花丛中的美丽乡村、毛垟苔藓文化园、秋炉行走在千年古道、沙湾七里纤夫故里、仙菇创意农业园、梧桐凤凰谷徒步嬉水、金岚溪鱼文化、大均新庄特色农业谷、红星岭根源"九里十乡村"、渤海垂钓、郑坑梯田等项目，打造一条充满田园牧歌生活、唤起农耕乡愁、独具地方特色的小溪乡村风情创意产业带。

（2）全域发展森林康养游。充分挖掘森林康养、畲医畲药特色资源，培育全域森林康养体系。积极参与山海协作最美生态旅游线路建设，努力将最美线路纳入全省工会疗休养推荐名录。积极推进东坑、大漈、景南、雁溪、梅岐等"康养600"基地建设，形成县域南部养生养老集聚区，打造中国首个呼吸系统森林康养示范县、长三角森林康养新标杆。依托"畲乡之窗"和"云中大漈"两个4A级景区，重点打造大均和大漈民宿农家乐综合集聚区，积极谋划绿道驿站、金秋坑头畲寨、际头文化古村、北溪四季农耕公社、白鹤咸菜人家、桃源水果沟露营、深垟花园乡村、源头林场等项目，形成两头带动，中间添彩的疗养和康养乡村民宿康养产业带。

（3）重点发展运动休闲游。打造环敕木山民族体育运动基地、国家公园科普教育基地、九龙山省级地质公园、渤海（千峡湖）水上运动休闲养生乡镇等休闲基地，开展畲族特色体育赛事与表演活动，开发多元养生度假旅游产品与休闲体验项目，推动体育、度假、健身、赛事等业态深度融合，打造畲乡风情运动休闲区。

（4）加快发展乡村度假游。重点打造民俗文化区、农耕文化区、千峡湖水文化区、边界文化区等4大乡村文旅漫游区。支持澄照、大均等民族乡村培育民族民俗经济，建设一批特色农旅休闲度假村，提升一批民宿集聚区，打造长三角乡村精品游线。实施农家小吃振兴行动，推广"畲乡小吃"，深入开展"百县千碗"主题活动，以畲乡十大碗、畲乡十小碟、畲乡小吃为重点，形成产品体系，做精市场推广，形成产业发展态势。创新发展畲族文化、香菇文化、马仙文化等文化创意产品，打造畲乡乡村文化特色"小品"。

（5）鼓励发展红色文化游。积极融入丽水全国红色文化传承示范区建设，以环敕木山畲族红色文化体验区建设为主线，建设提升烈士纪念馆、畲族忠勇精神纪念馆、退役军人公墓，统筹红色示范村镇建设，加速东坑、梅岐、毛垟、家地、九龙、英川、郑坑等地红色资源价值转化，推进民族风情与红色文化融合，打造畲族红色文化旅游基地。

2. 完善旅游基础设施和配套服务体系

（1）完善旅游基础设施。推进环敕木山景观提升及道路工程、A级景区村创建、A级旅游景区创建及提升工程、东坑白鹤二级旅游集散中心等项目建设。优化通景交通，改善提升通景公路等级，谋划建设"天空之翼"项目，发展索道缆车、山地轨道等"特色交通"，串联分散景观节点，打造路景相融的交通风景线，带动全域旅游全面开花。加强智慧信息化服务建设，推进精品线路线上推送，强化媒体宣传力度，加快提升"国际畲族风情旅游目的地"全域旅游品牌形象。

（2）加快吃住娱购设施建设。全域打造一批高品质酒店和精品民宿，提升畲族民宿标准，打响"畲山居"民宿品牌，加快布局畲乡特色生态餐厅、旅游商业综合体、文化产品展销区等配套设施，提升"三月三"节庆演艺活动品质。通过教育培训、宣传发动、规范管理等措施，提升旅游从业人员业务素质。鼓励畲族居民参与旅游事业建设，引导全民自觉保护畲族文化。实施"丽水山居"农家乐综合体和精品民宿示范项目，推动"产区变景区、产品变商品、民房变客房"，促进一二三产融合发展，实现"吃、住、行、游、购、娱、养、育"八要素的和谐统一。通过创建省级休闲乡村和农家乐集聚村，以现有观光农业基地等资源为基础，鼓励培育"花海、林海、库湖、茶园、果园、药园"等美丽业态，配套发展乡村"露营基地、拓展基地、骑行绿道、乡村古道、探险徒道"等休闲业态，大力开发"菜园租赁、家禽代养、特色工艺、特色小吃"等旅游商品，打造更多"有个性、有亮点、有核心、有竞争力、有吸引力"的特色产品，丰富农家乐民宿休闲旅游内容，推进农家乐民宿集聚发展、提质增效，打造特质的休闲乡村区域品牌，形成高质量的乡村休闲产业集群。

（3）推进农旅深度融合

立足新时代新思想，通过共享经济模式，发展共享农旅。采用合创共享模式，通过代管经营村集体山林水地资源、村民田地租金入股、设置平等投资权等模式让村民参与合创共享，共享发展成果。将村集体属性山林水地、村民承包经营责任田、以本村村民为主体的投资者和一线合创劳动者等农业自然环境和社会乡村文明要素有机结合，整合农旅资源，设计共享农庄、共享茶园等共享农旅产品。积极搭建新农旅共享平台，强化物联网、大数据、人工智能、区块链等信息技术与农业实体经济的深度融合，实现休闲农业、生态旅游、文化旅游、农特产锦集等共享服务的综合性共享经济平台。

（五）推动生态工业集聚升级

1. 加快"北电工电器（气）、南幼教木玩"链式集群发展

培育电工电器（气）产业集群，以丽景民族创业园为载体，以飞科电器产业园为龙头，重点发展电工电气、电子电器、节能电机、通用设备制造等先进制造业，带动上下游企业实现链式联动发展。

2. 做深幼教木玩产业链，加快产业链链长制示范试点建设

以澄照创业园为载体，以宇海幼教木玩产业园为龙头，探索成立"幼教产业发展联盟"，联动竹木加工、幼教装备创新研发和生产销售，逐步推动"幼教装备制造"转向"幼教装备智造""幼教装备创造"，实现幼教装备、文创产品等产业融合发展，加快幼教木玩特色产业品牌培育步伐。

3. 推动传统工业转型发展

以数字化赋能、绿色化转型、集群化强链持续深化传统产业改造提

升。深化小水电生态化改造，优化水电行业绿色发展长效管理机制。挖掘传承创新传统畲医畲药资源，培育引进若干主打"畲"字号的天然药物、功能性食品等拳头产品的制造企业。聚焦绿色食品深度加工，建设综合型农产品加工物流园区，推进食用菌和农副产品加工业延长产业链，开发具有畲乡特色的营养保健类、休闲类食品饮料产品，成为丽水重要的食品饮料产业基地。

4. 提升工业平台创效能力

加强质量基础设施建设，深入实施质量提升行动，促进产业链上下游标准有效衔接，弘扬工匠精神，以精工细作提升制造品质。强化平台服务功能，搭建产业链创新公共服务平台和民族双创中心，探索发展总部经济创新模式，打造产业服务生态圈。以"农头工尾"为目标，扶持有条件的乡镇开发建设农林产品加工孵化点。做大做强省级开发区（园区），开展产业平台"亩均论英雄"，提高产出效率。

（六）鼓励商贸服务创新发展

1. 推动商贸经济高质量发展

推动城乡商贸服务升级，打造以东方广场商业综合体、畲乡古城为核心的县城"双核"智慧商圈，加快重点商业（美食）街区、社区商业网点提档升级，引入一批商贸商务龙头企业。做大特色电商产业，谋划建设县级电商创业园，加快在澄照创业园建设电子商务楼宇、创业孵化园等，完善景宁电子商务公共服务平台功能，优化县乡村三级快递物流体系，推动电子商务与一二三产融合发展。培育对外贸易新动能，深度拓展"一带一路"市场，支持出口企业做大做强。

2. 培育新兴服务业集群

壮大平台经济，用好用活民族政策，完善金融、保险、会计、法律、教育、培训等专业化服务体系，吸引一批基金公司、上市公司等总部经济项目入驻，做深做实平台公司、龙头企业招商工作，拓宽总部招商领域涵养税源。提升绿色金融服务效能，探索创新绿色金融综合服务平台，依托丽水创建国家级金融支持乡村振兴改革试验区，推动银行和其他金融机构开发绿色金融、农村金融等特色金融产品，开展特色金融服务。支持排污权、碳排放权、涵养水源、生物多样性等"生态权"进行市场交易，逐步建立市场化自然资源资产产权交易体系，畅通"资源—资产—资本—资金"转化渠道，为低碳环保、生态旅游、食品加工、竹木加工等产业或项目提供信贷服务。

3. 提升服务业平台集聚水平

推进特色小镇建设，丰富畲乡古城经营业态，建成集文化展示、娱乐休闲、餐饮购物为一体的文创体验中心，启动畲乡小镇 4A 级景区创建，加快东坑、大漈、景南、雁溪、梅岐等"康养 600"基地建设。抓好商贸集聚区建设，建成祥源商贸物流产业园，谋划跨境电商园区，推进电商物流和跨境电商集聚发展。实施数字生活新服务行动，积极拓展"宅经济"与"云生活"等消费模式。

（七）探索生态产品价值实现

1. 健全生态保护治理机制

深入开展国家生态文明建设示范县创建，开展"污水零直排区"和"美丽河湖"创建，严格实施"河湖长"制，建立治水联盟，确保全域断面水质保持在Ⅱ类及以上标准，饮用水源达标率100％。高标准推进"垃圾革命"，实现垃圾减量分类和集中无害化处理。大力推进"厕所革命"，推行编号管理，建立专项经费，实行"所长"责任制，推进农村无害化卫生厕所普及，严格保护森林，持续植树造林，提高森林覆盖率，提升空气质量。

2. 完善生态产品价值核算机制

建立健全生态自然资源资产全面调查、科学核算、动态监测、统一评价的制度，重点界定水流、森林、湿地、草地、农田等自然资源资产的产权主体及权利，完善景宁生态系统生产总值核算体系，从生态物质产品价值、生态调节服务价值和生态文化服务价值等方面全面核算景宁生态系统为人类福祉和经济社会发展提供的最终产品与服务，形成景宁生态产品价值地图。

3. 探索生态产品价值实现机制

探索建立生态产品交易平台，增强生态产品供给能力，健全生态有机产品认证、追溯、营销体系，提高生态产品附加值。探索政府对公共生态产品采购机制，健全县城饮用水水源地生态保护补偿制度。探索生产者对自然资源约束性有偿使用机制，建立遵循绿色循环低碳发展的产业导向目录。探索金融机构对生态产品授信贷款机制，创新建立"生态信用存折"，推行与个人、企业、乡村生态信用相挂钩的信贷机制，推进生态产品价值转化为资金资本。

4. 以数字赋能推动生态产品价值实现

（1）拓展产业数字化空间。生态产品价值实现主要通过价值链两端突破、产业链延伸和一二三产业融合发展，深入推进产业数字化是必由之路。全力促进数字经济新技术、新设施、新业态在乡村产业发展领域的应用和转化。以区块链、云计算、人工智能为手段，以景宁惠明茶产业为龙头，带动全县特色农业产业，形成以数字化引领的县域现代绿色农业产业体系。加快推进惠明茶数字化产业提升项目，建设惠明茶"数字工厂"和惠明茶"智慧大脑"服务平台，以建设惠明茶全产业链大数据中心为目标，助推景宁惠明茶产业数字化转型，显著提升景宁惠明茶产业生产经营和管理数字化水平。围绕"服务三农窗口、要素整合平台、农合联改革阵地"的总体定位，按照"一个综合窗口，五大功能版块"的结构布局，打造"景宁600"数字综合服务中心。通过建设生态农业质量安全管控建设项目结构，建立农产品质量安全区块链追溯体系。打造数字化绿色化植物保护AI人工智能平台，将农药生产、销售、使用等各环节的数据互联互通，形成农药管理数字化、流通数字化和平台数字化的运行模式，从源头保障"景宁600"农产品的质量安全。进一步加强"大数据＋产业集群""大数据＋专业市场"建设，推进对农业园区、工业集聚区、开发区的智能化改造；积极探索跨越物理边界的"虚拟"产业园建设，构建生态产品的数字供应链，推动数据、信息、技术、渠道等资源的共享，拓展创新发展空间。积极推进智慧乡村、数字田园、农业物联网应用示范基地建设，推动农村地区涉农部门信息与资源整合共享。进一步探索移动互联网、人工智能等数字经济技术与服务业的融合方式，推进智慧旅游、智慧康养、智慧养老等新业态。挖掘生态产品的文化资源，打造数字内容产业链，培育数字文创产业。

（2）营造企业数字化转型的良好环境。持续推进"三去一降一补"，充分利用数字经济时代信息整合能力强的优势，进一步缩短生态产品生产、流通、销售的中间环节，降低企业运营成本，缓解企业数字化变革压力。持续推进数据要素市场化配置，深化财税、金融等制度改革，支持生态产品价值实现过程中企业挖掘大数据价值、进行智能化生产、变革组织结构和营销模式、推进协同创新等各项工作。进一步推动政府公共数据互联互通和开放共享，打破部门之间的"中梗阻"，加快政府数字化进程，深化数字经济领域"放管服"改革，提升相关企业开办、纳税、商标注册、动产担保等涉企服务质量和效率，完善多元化政企沟通联系机制，优化营商环境激发企业活力和转型动力。

（3）推进数字经济的应用场景建设。正如清华大学江小涓教授所指出："构建新发展格局，要通过供给创造需求，需求牵引供给，数字经济将会推动两者更高水平动态平衡。充分利用数字经济推动消费领域变革，要为数字经济提供更多的应用场景。"具体而言，首先，需要根据景宁发展目标，在生态产品体验馆、生态产品相关实验室、高科技独角兽企业孵化器等生态主题设施建设中，嵌入数据经济理念和元素，形成生态产品价值转化的新增长点。其次，在构建和完善生态产品转化路径过程中，整合要素资源，通过数字化场景替换或重构原有的低效传统场景，实现场景迭代，产生新业态、新模式。再次，在生态湿地、山体公园等生态修复与建设中充分运用数字经济成果，动态监控生态数据，开发新型生态体验项目，如运用物联网、人工智能技术，实现云端运营、智慧管理、游客自助游览等体验。

二、加快城乡融合　推进共同富裕

马克思、恩格斯认为，一定时期内城市与乡村的地位发生变化，城乡日趋分离，是生产力和生产关系相互作用的结果。生产力的发展外化为社会分工的变迁。"一切发达的、以商品交换为媒介的分工的基础，都是城乡分离。"一定程度上，城乡关系决定着整个社会生活的发展面貌。辩证地看，既然城乡分离是生产力发展到一定阶段的产物，而城乡对立也将会伴随生产力的进一步发展而消失，未来的城乡关系会逐渐实现协调和平衡发展，最终走向融合。至于如何实现城乡融合，马克思、恩格斯认为，在社会生产力发展的基础上要消除旧的社会分工；重视农业的基础性地位，以土地的社会所有制为基础，开展农业合作社的社会化生产，发展现代化农业；充分发挥城市作为经济中心的集聚功能和辐射作用，带动人口流动，助推农村脱贫脱愚；平衡工业布局，推动产业融合，促进城乡融合。总之，马克思主义认为，城乡分离和融合，都是生产力和生产关系内在矛盾运动的结果，不以人的意志为转移。

改革开放之前，我国长期实行计划经济体制，城乡矛盾突出，二元结构非常明显，成为经济社会发展的瓶颈，传统重工业优先发展战略不可持续。1978年12月党的十一届三中全会之后，农村实行家庭联产承包责任制，极大解放了农业生产力，农村经济快速增长。1985年以后，国家推动经济体制改革逐渐向商品经济、市场经济体制过渡。农产品价格提高、户籍管理松动、激发微观活力、劳动力流动加速等一系列改革措施，对传统二元篱笆产生冲击。但在接下来的十多年当中，由于市场机制的效率导向属性，劳动力、资金等生产要素自发向基础较好、收益较高的行业和区域流动，农村和农业在资源配置过程中被弱化，城乡发展失衡、城乡二元矛盾再次凸显。

随着经济高速增长，综合国力不断增强，2002年党的十六大对城乡发展战略进行重大调整。党的十六届三中全会把"统筹城乡发展"作为落实科学发展观的重要内容。2006 年，国家全面废止农业税标志着工业开始反哺农业、城市开始反哺农村。2007 年，党的十七大报告明确提出"建立以工促农、以城带乡的长效机制，形成城乡经济社会发展一体化新格局"。2008 年以后，国家进一步加大农村农业投入，强农、惠农、富农，加强农业基础地位，改善了农村养老、医疗等民生事业，城乡关系得到改观。2012 年党的十八大提出推动城乡发展一体化的战略理论。中央政府不断健全以基本公共服务为核心的民生保障制度，城乡收入比缩窄，农村基础设施得到改善，城乡居民基本医疗和养老制度开始并轨，户籍改革取得显著成效，城乡关系渐趋协调。2017 年党的十九大报告首次提出了乡村振兴战略，并明确提出要"建立健全城乡融合发展体制机制和政策体系，加快推进农业农村现代化"。

（一）加快城乡融合发展改革

景宁作为全国唯一的畲族自治县和全省唯一的民族自治县，主动承担全国民族地区城乡融合发展试点，对于建设中华民族共同体具有重要的示范意义。

（二）深化农村土地制度改革

1. 放活农村土地产权

深化农村承包地制度改革，进一步完善承包地确权登记颁证工作，持续推进遗留问题处置。稳定农村土地承包政策，落实第二轮土地承包到期后再延长 30 年政策，结合中央、省、市具体的延保办法，分批开展再延长 30 年试点。严格落实《农村土地承包数据库管理办法（试行）》，加快推进农村土地承包经营合同管理制度建设。健全土地流转规范管理制度，发展多种形式农业适度规模经营，允许承包土地的经营权担保融资。推行农村集体经营性建设用地入市改革，允许农村集体经营

111

性建设用地出让、租赁、入股，实行与国有土地同等入市、同权同价。深化农村宅基地制度改革，加强农村宅基地及房屋建设管理，全面推行农民建房"一件事"审批网上办理。探索建立农村宅基地所有权、资格权、使用权等"三权分置"具体实现形式，开展闲置宅基地和闲置农房盘活利用试点，进一步放活宅基地的使用权，推动农村集体经营性建设用地入市，增加农民财产性收入。

2. 探索进城落户农民依法自愿有偿转让退出农村权益制度

维护进城落户农民在农村的"三权"，按照依法自愿有偿原则，在完成农村不动产确权登记颁证的前提下，探索其流转承包地经营权、宅基地和农民房屋使用权、集体收益分配权，或向农村集体经济组织退出承包地农户承包权、宅基地资格权、集体资产股权的具体办法。结合深化农村宅基地制度改革试点，探索宅基地"三权分置"制度。

3. 健全用地保障机制

完善农村新增用地保障机制，预留乡镇土地利用总体规划中一定比例的规划建设用地指标、年度土地利用计划新增建设用地指标，专项用于支持农村一二三产业融合发展及新产业新业态发展。鼓励农业生产与村庄建设、乡村绿化等用地复合利用，拓展土地使用功能，节约集约利用土地。开展"坡地村镇"试点，探索统筹"保耕地、保生态、保发展"的山坡地资源开发利用新路径。深化"飞地抱团"模式，建立土地增减挂钩节余指标"县域统筹、跨村发展、股份经营、保底分红"机制。开展全域乡村闲置校舍、厂房、废弃地等整治，盘活建设用地，重点用于支持乡村新产业新业态和返乡下乡创业用地需求。

（三）强化农村集体资产管理

1. 开展农村集体资产清产核资

应用集体经济数字管理平台，加强集体所有的各类资产进行全面清产核资，摸清集体家底，健全管理制度，防止资产流失。重点清查核实未承包到户的资源性资产和集体统一经营的经营性资产以及现金、债权债务等。健全集体资产登记、保管、使用、处置等制度，实行台账管理。强化农村集体资产财务管理，加强农村集体资金资产资源监督管理，加强乡镇农村经营管理体系建设。修订完善农村集体经济组织财务会计制度，加快农村集体资产监督管理平台建设，推动农村集体资产财务管理制度化、规范化、信息化。规范使用"村务卡"推行非现金结算，加快推进农村产权流转交易市场建设，实现应进必进，加强对农村集体经济组织审计监督。应用大数据技术，建设集数字、证书、合约等一体化的集体资产数据库，实现对集体"三资"数据的规范采集、自动处理、智能输出、永久存贮。

2. 明确农村集体资产产权归属

加快构建归属清晰、权能完整、流转顺畅、保护严格的农村集体产权制度。合理界定农村集体资产产权归属，开展确权登记，宜村则村，宜组则组，把农村集体资产的所有权确权到不同层级的农村集体经济组织，并依法由农村集体经济组织成员集体行使所有权。加快农村经济合作社股份合作制改革，进一步完善赋能活权机制，探索制定农村集体资产股权管理办法，推进农村集体资产股权占有、收益、抵押、担保、继承、有偿退出等权能实现与活化。规范股权收益分配条件、程序，让农民充分享受改革成果，增加农民财产性收入。

3. 推进农民专业合作社规范化发展

突出抓好家庭农场和农民合作社新型农业经营主体，开展农民合作社规范提升行动，深入推进示范合作社建设，建立健全支持农民合作社发展的政策体系和管理制度。推进合作社清理注销工作，争取注销辖区内的"空壳社""一人社""家族社""休眠社"。规范和提升合作社质量，示范带动一批产业优势明显、运行管理制度健全、民主管理水平较高、财务社务管理公开透明、有一定经营服务水平的合作社，确保圆满完成全国农民专业合作社质量提升整县推进试点工作。到2025年创建规范化农民专业合作社100家，发展和巩固县级以上农民专业合作社30家，力争推行农民专业合作社数字化管理，实现运行管理规范，典型示范突出，服务功能增强，带动农民增收明显。

4. 深化"三位一体"农合联改革

深化生产、供销、信用"三位一体"农合联示范创建。推进农合联资产经营公司市场化、实体化运行。健全规范农合联组织体系，健全服务保障体系和高效运转机制，有效推进涉农资源整合，引导农合联会员合作投资涉农产业和为农服务项目，形成以各类合作社为主体的新型合作经济发展格局，把农合联建设成为服务"三农"的大平台，高质量服务全区乡村振兴大局。

（四）创新支农服务机制体制

1. 构建农村多元投入机制

充分发挥财政资金引导作用，撬动社会资本投向农业农村重点项目。完善财政支农投入稳定增长机制，坚持优先保障农业农村，明确和强化各级政府"三农"投入责任，确保支农投入力度不断增强、总量持续增加。优化涉农资金使用结构，继续按规定推进涉农资金统筹整合，加强对重点项目的支持力度。鼓励和引导社会资本下乡，落实和完善融资贷款、配套设施建设补助、税费减免等扶持政策，建立项目合理回报机制，加大农村基础设施和公用事业领域开放力度，鼓励社会资本到农村投资适合产业化、规模化经营的农业项目，提供区域性、系统性解决方案，与当地农户形成互惠共赢的产业共同体。

2. 加强农村基础金融服务

加强农村金融创新，健全多层次信贷供给体系，创新农村信贷产品，不断增强金融服务农业农村的能力和水平。积极引导政策性银行、商业银行以及农村小额贷款公司、融资租赁公司等非银行金融机构把更多的金融资源配置到乡村振兴的重点领域和薄弱环节。探索建立"景宁600"产业发展基金，促进形成"景宁600"现代农业体系。探索建立少数民族发展专项基金，重点用于支持少数民族群体发展。整合支农资金，加强丰收驿站建设，推进农村普惠金融全面覆盖。

3. 发展农村生态信贷产品

积极贯彻落实国家绿色信贷政策，调整优化信贷投放结构，加大对生态保护、生态农业、生态农产品加工业、农旅融合产业等绿色经济和能效节约领域的投放力度。探索开展农业生产设施抵押、农村土地承包经营权抵押、农民住房财产权抵押等业务，支持农业适度规模经营；拓展基础设施预期收益、大宗订单、大棚和农机设备、项目补助性收益等抵（质）押融资机制业务，鼓励开发"农特产品贷"以及"创个"贷、电商贷、民宿贷等特色信贷产品。推广"一村万树"绿色期权扶持"三农"建设模式。打造"政银保"合作小额贴息贷款升级版，重点支持低收入农户群体加快发展绿色产业。

4. 推进农业政策保险制度

完善政策性农业保险制度，加大对粮食作物、经济作物生产保险的支持，推动完善保险方案、提高保障水平、改善保险服务，不断扩大制种保险覆盖面。探索开展粮食作物完全成本保险、收入价格指数保险和天气价格指数保险，以及土地流转保险、"两权"抵押保险等新领域。完善多元化保险保障体系，鼓励保险机构积极创设农村服务网点，开发适应农业农村和农民需要的保险品种，拓展保险服务乡村的广度与深度。

（五）推动新型城镇化和乡村全面振兴

1. 优化县域空间发展格局

打造"一核三区两带多地"空间格局。着力构筑以中心城区为核心，以瓯江（小溪）山水诗路文化带、景文高速产城融合发展带串联乡镇空间，以南部高山养生发展区、西部国家公园生态发展区、东部山水文旅发展区为支撑，围绕园区"飞地"、科创"飞地"、楼宇"飞地"三类"飞地"，协同多地发展。

着力一核引领，培育县域中心。全力打造由外舍新城、鹤溪老城和澄照副城构建的核心城区，聚焦核心城区环境改造、服务优化和能级提升，加大城市基础设施建设力度，加快创建省 5A 级景区城，辐射带动大均、梅岐等周边片区，提高人口集聚承载能力，打造景区化、精细化、产业化的花园城区样板，把县城打造成为畲族文化特色鲜明的国家级旅游休闲城市。

强化三区联动，优化县域功能布局。构建南部高山养生发展区、西部国家公园生态发展区和东部山水文旅发展区等三大片区，构筑"自然景观＋休闲运动＋疗养康养"的全域旅游联动发展格局，打造一批高端化、特色化旅游度假基地，创建一批生态化、体验化农旅、水旅、文旅平台，建成一批康养基地，形成县域经济新增长极。

加快两带辐射，积极推进两带串联开发。推动资源要素向瓯江（小溪）山水诗路文化带和景文高速产城融合发展带倾斜。瓯江（小溪）山水诗路文化带，东起九龙西至英川、秋炉，东西延伸 100 多千米，依托沿线生态资源，推进全域景区化，以外舍新城、百山祖国家公园及千峡湖库区为核心，串珠成链，打造瓯江（小溪）山水诗路文化带。景文高速产城融合发展带，加快高速沿线要素集聚，构建北起红星南至东坑，南北向延伸的产城融合发展带。依托国道、高速、铁路、空中巴士等交通互联，畅通片区连接，加快提升外舍新城、鹤溪老城、澄照副城、东坑镇等产城融合水平，形成多地共筑的人口和产业集聚带。

坚持多地协同，助力县域经济发展。以园区"飞地"、科创"飞地"、楼宇"飞地"三类"飞地"为重点，面向长三角，推动高端要素在景宁与发达地区间的有效联动，更大范围更大力度助力县域经济发展。统筹云景聚落发展区块、丽景民族创业园、山海协作"飞地"建设；争取在杭州丽水数字大厦、省市人才大厦设置景宁科创空间，建立景宁科创"飞地"；在沪杭等长三角核心城市购置楼宇，培植优质税源。

2. 强化中心城区功能完善

全面提升县城能级。利用 322 国道和 235 国道外迁契机，加快打造鹤溪老城和澄照副城新连接线，优化交通结构，联动大均、梅岐等乡镇融入县城格局，引山入城，着力拉开城市框架。增强中心城区集聚效应，加快高端要素集聚。

着力景区化，增强外舍新城集聚辐射能力。以畲乡古城为核心创建国家 4A 级景区，按照"建新城、聚人气、广招商、兴产业"主线，进一步提高新城建设品质，加快打造外舍新区综合交通枢纽，增强集聚效应，推进千俟崖景观工程、千山桥、凤凰隧道、外舍新城管网、千峡湖库尾消落带水生态修复工程、铁路站点等项目建设，打造休闲消费特色街区，丰富夜间消费市场。充分发挥外舍新城"民族经济总部"和"畲族文化总部"聚集区的平台效应，加快总部大楼招商引资。"十四五"期间，推动外舍新城向王金垟、山后片区拓展，提升新城区发展空间，成为鹤溪时代走向千峡湖时代的主平台，努力集聚人口约 2 万人。

聚焦精细化，推进鹤溪老城有机更新。持续推进历史文化名镇建设，重点改造大众街—百岁门、石印山—后坑历史街区，做好历史文化名镇提升改造。着力城市品质提升，打造文旅商贸于一体的老城区商圈，挖掘提升畲族文化内涵。推进石印山、寨山等山体保护利用，谋划建设环城沿山"畲乡飘带"健身绿道，建设城市森林文化公园，丰富城市文化内涵，拓展市民文化休闲空间。深入推进城市有机更新，加快推进城中村、安置小区、老旧小区改造提升，加快花园邻里中心打造，积极推进未来社区建设，构建和睦共治、绿色集约、智慧共享社区治理新模式。精致精细提升人居环境品质、环境风貌和承载能力。扩大城区面积，着力推进城南周湖区块功能提升。进一步打通南北通道及断头路，加快城区路网的网格化、特色化。"十四五"期间，推进金山垟、半垟区块与老城区融合联动，努力集聚人口约 5 万人。

推进产业化，加快澄照副城产业集聚区创新提升。结合低丘缓坡开发利用等用地政策，适度问山要地，努力破解空间制约。实施南连—北拓—东延工程，拓展副城发展空间，全力推动澄照创业园三期、四期工程建设，争取构筑 10 平方千米产城融合平台框架。聚焦城市功能完善和产业集聚创新，加快商业综合体、农贸市场、综合供能站、星级宾馆、学校等配套设施建设，将副城打造成为创业创新、人口集聚与产业集聚的绿色生态创业园区。"十四五"期间，努力集聚人口约 2 万人，成为县内规模最大的产业集聚平台。

3. 推动三大片区特色发展

加快三大片区特色化联动发展。加快构建南部高山养生发展区、西部国家公园生态发展区、东部山水文旅发展区三大特色片区，推动各片区内乡镇抱团联动发展，推进美丽城镇全覆盖，打造城在山中、村在景中、人在画中、处处皆景、移步换景的全域景区。

南部高山养生发展区。由东坑、大漈、景南、雁溪组成，加快"景宁 600"生态农业和高山休闲养生旅游融合发展，创建东坑水果沟、小佐梯田等一批农旅融合基地。以云中大漈和大仰湖湿地景区为核心，加快云上天池景区建设，打造高端休闲养生度假基地。

西部国家公园生态发展区。由沙湾、英川、梧桐、标溪、大地、家地、毛垟、秋炉、鸬鹚组成，抓住百山祖国家公园建设契机，强化国家公园周边网点交通提升，以"国家公园＋科普教育＋文化创意＋体育运动＋生态农业"融合发展模式，引领周边乡村创新联动发展，加快形成县域经济新增长极。

东部山水文旅发展区。由渤海、九龙、郑坑组成，依托千峡湖沿线山水文化、畲族文化，以千峡湖景区打造为引领，谋划推进九龙山、炉西峡等山水资源联动开发，开发运动探险、休闲垂钓等特色旅游产品，提供优质景区配套服务，打造山水人文特色彰显的运动休闲基地。

4. 提升重点乡镇建设水平

特色化打造若干强镇。着力打造一批"绿水青山就是金山银山"转化示范的农文旅融合发展强镇，打造一批生态农业、文化旅游、康养休闲的农文旅融合产业发展高地。东坑镇，融入传统村寨保护与乡村旅游产业开发，争创省级旅游度假项目、5A 级景区镇和生态产品价值实现示范乡镇。沙湾镇，壮大农业经济，结合严坑水蜜桃基地、仙姑果蔬采摘园、纤夫博物馆等资源优势，发展乡村休闲旅游业。英川镇，依托英川美食资源，提升和开发系列旅游特色产品，全力发展研学经济，打造具有畲族风情特色的国家公园入口，打响品牌知名度。渤海镇，做活水经济文章，做精"千峡探秘"等旅游线路和畲源谷等一批旅游产品，建成"知名垂钓中心"。

品质化推进城镇建设。不断巩固深化小城镇环境综合整治成果，提高交通、市政、公共服务等配套设施建设运营管理水平，加快建制镇雨污分流改造、生活垃圾分类处理。因地制宜塑造山水格局、城镇形态、街巷空间和建筑特色，提升改造出入口、主街道、公共核心区，加强历史文化名镇名村、历史建筑、古树名木和文物保护，优化提升乡容镇貌。到 2025 年，争创 2 个以上省级美丽城镇示范。

5. 全面实施乡村振兴战略

优化乡村布局。积极争取省市支持，结合实际，推进乡镇行政区划调整。开展乡村振兴十大激活行动，深入实施"大搬快聚富民安居"工程，加快乡村人口内聚外迁，为乡村留出生态空间，腾出发展空间。分类推进村庄建设，"城郊融合类"，加快城乡产业融合、基础设施互联互通、公共服务共建共享；"集聚提升类"，有序推进改造提升，加快人口集聚；"特色保护类"，深化传统古村落和畲族村落保护和发展，努力保持村庄完整性、真实性和延续性；"规模缩减类"，实施村庄人口搬迁、规模缩减。持续优化乡村布局，推进乡村片区化、组团式发展，做大做强 30 个左右中心村，探索推进未来乡村建设。

开展民族风情美丽幸福家园建设。以民族乡村振兴试点建设和少数民族特色村寨建设为主要抓手，统筹抓好"古村复兴"和"畲寨复兴"计划，积极创建省级休闲乡村和农家乐集聚村，带动山区群众增收致富。按照"五美城镇"要求，突出民族乡村民族民俗文化特色，塑造富有活力的美丽城镇。创新强化民族乡村振兴有效载体，探索"民族乡（镇）振兴联盟"等合作交流平台建设，开展区域品牌塑造、区域文旅合作、区域人才交流等。强化村庄规划设计，突出挖掘民族元素，塑造具有浙江特色和畲族韵味的民族乡村风格风貌，打造"一村一品、一村一韵"的新时代少数民族特色村寨。

着力乡村人居环境提升。抓住全省打造"千村示范、万村整治"升级版的契机，推进少数民族特色村寨与新时代美丽乡村建设相结合，打造省级新时代美丽乡村样板。深入实施"百村景区化"工程，加快推进乡村环境综合治理。持续推进农村厕所革命、污水革命、垃圾革命，巩固提升农村生活垃圾分类处理成果，实现农户家庭水冲式厕所普及率达95％以上。完善基本公共服务体系，加快公共基础设施建设。积极开展新时代美丽乡村系列示范创建，到2025年，全部行政村实现新时代美丽乡村达标创建，力争1/3村庄达到美丽乡村精品村标准。

推进村集体经济发展。积极参与全省山海协作乡村振兴示范点和山海协作"消薄飞地"的共建工作。全面梳理山塘水库、山林耕地、办公用房等村级资产，落实水资源、山资源、地资源和固定资产"四张清单"，建立乡村两级数据库，盘活集体资产。引导村集体与龙头企业建立"企业（村集体）＋合作社＋农户"经营模式，开展规模化经营。持续提升强村公司经营能力，支持集体经济薄弱村发展光伏小康、民宿经济等项目，增强"造血"功能。

（六）推进城乡居民共同富裕

2020年党的十九届五中全会审议通过了《中共中央关于制定国民经济和社会发展第十四个五年规划和2035年远景目标的建议》。习近平总书记在会上做了重要说明：在改善人民生活品质部分突出强调了"扎实推进共同富裕"，提出了一些重要要求和重大举措。这样的表述，在党的全会文件中还是第一次。

共同富裕是社会主义的本质要求，社会主义的根本目标和发展方向就是不断解放、发展生产力，并在此基础上逐步提高人民生活水平，满足人民群众对美好生活的向往。

在实施"大搬快聚"工程之后，景宁县要紧密衔接乡村振兴和城乡融合发展战略，建立健全长效机制，逐步推进城乡居民共同富裕。

1. 健全服务，推动农民工资性收入增长

优化政策扶持，健全"互联网＋农民工"服务体系，为广大农民工提供政策咨询、就业创业信息发布、劳动维权等"一站式"集成服务。搭平台稳就业，举办农民工就业专场招聘会，持续跟进企业招用工状况供求变化，采取线上信息对接，保持实时信息互通，做好指导服务。组织开展职业培训，对有需求、符合条件的农民工开展就业创业技能免费培训，并为其推荐就业，提高农民工就业创业实用技能。

2. 强化引导，促进农民经营性收入增长

着力推广"公司＋农户"组织模式，积极培育新型农业经营主体，优先支持引导龙头企业农业产业化发展。充分借助上海静安区对口帮扶，利用"飞柜"模式，加大消费对接，继续办好各类农村节庆活动和农特产品展销会，推动农产品"出村进城"。大力发展"互联网＋"农产品流通，完善城乡物流体系建设，积极引导平台电商参与农村建设运营，助推农村电商发展，支持开展"直播带货"等活动，拓宽农产品销售渠道，让茶叶、黄精、蜂蜜、香榧、高山蔬菜等优势农产品走出山区，走向世界。

3. 创新机制，保障农民财产性收入增长

深化落实农村集体产权制度改革，健全农村产权流转管理服务平台，推动资源变资产、资金变股金、农民变股东。按照国家、省和丽水市统筹部署，稳步推进农村集体经营性建设用地入市。充分利用村集体的闲置土地、闲置民房、闲置水面、林木资源、空余场地等发展农家乐、民宿、观光农业、研学等特色农旅融合产业和光伏产业，增加村集体收入。

4. 系统支持，巩固拓展脱贫攻坚成果

把防止返贫作为巩固脱贫攻坚成果的根本之策，建立防贫机制，加强跟踪监测，实行动态管理，继续加大对非持续稳定脱贫户、非建档立卡低收入户的扶持保障力度，一旦发生因病、因学、因灾等特殊情况导致出现农户生活困难现象，立即启动防贫机制，防止返贫和出现新的贫困。按照"动态管理、实时监测"的原则，随时掌控存在致贫隐患的农户动态，便于及时预警、实时救助。为实现有效减贫防贫目标，景宁县把对贫困失能人员集中供养纳入防贫机制之中，充分发挥贫困失能人员集中供养政策兜底保障作用，将非建档立卡农村分散供养特困失能人员、建档立卡未脱贫和已脱贫分散供养的失能半失能特困人员、丧失劳动能力的无儿无女人员、重度残疾人、家庭情况特殊的贫困人口纳入集中供养范围，由政府提供医疗、康复、护理、养老、精神抚慰、临终关怀"六位一体"全程服务。谋实工作体系，严格落实"四个不摘"要求，压实政治责任、主体责任和工作责任，调整优化现有帮扶政策、帮扶责任人，逐步过渡到乡村振兴上来。夯实增收基础，持续跟踪脱贫人口收支情况、"两不愁三保障"及饮水安全巩固状况，做到及时发现、快速响应、动态清零。统筹用好公益、辅助岗位，多渠道促进脱贫劳动力就业。坚持推动弱村晋位升级，统筹安排专项资金支持扶持农村发展，全面消除集体经济薄弱村和空壳村。抓实项目资金，加强财政投入政策衔接，积极谋划村级扶贫项目，持续开展产业扶贫项目。加大巩固脱贫成果与衔接推进乡村振兴项目资金投入。

5. 常态帮扶，加强农村低收入人口常态化帮扶

为了补上"三农"发展滞后和低收入农户增收致富短板，需要继续充分挖掘扶贫潜力，重点扶持低收入农户和新型经营主体发展。将专项扶贫上升到系统扶贫，将低收入群众增收纳入全县经济发展进行谋划部署，全面推进美丽经济建设。出台民族工作新政策，全力扶持畲族村和群众发展，出台山区经济发展新政策，鼓励资本上山，低收入群众共同创富。按照"一户一策一干部"的要求，定期了解低收入人口情况，开展结对帮扶，帮助低收入人口理清发展思路，提出切实可行的增收措施。针对美丽经济中的短板，分门别类出台对策、落实举措，通过产业扶持、金融扶持、转移就业、结对帮扶和社会保障等措施，实现低收入群众可持续增收，不断加快山区经济转型发展，高水平全面建成小康社会。

三、推进整体智治　构建现代化治理体系

在搬迁社区治理体系建设方面，贵州经验有着很好的借鉴意义。贵州把健全治理体系当作扶贫扶智、融入城镇、提升群众获得感和幸福感的重要手段，有效保障社区经济发展、公共服务、公共管理和公共安全。

首先，建立一竿子到底的社区治理体系。打通"最后一公里"，优化治理单元，实现更精细的社区治理。一是广泛建立楼栋自治小组。在各居民楼建立党小组、居民自治小组、监督小组等自治组织，畅通表达民意，发挥群策群力，提升居民建设家园的主体性和存在感。二是全面推行社区网格化管理。把网格作为移民社区治理的基本单元，在居委会构建以楼栋为单元的"一个支部、多个小组"的社区党建体系。延伸社区党建的"触角"，增强基层党组织信息灵敏度。三是实现服务居民"零距离"。以大数据为依托，积极创建新型智慧社区，实时了解群众基本情况、工作开展进度、"包保"工作责任。

其次，制定一揽子配套的社区制度体系。提高移民社区治理的制度化、科学化、规范化水平。一是出台一揽子指导意见和实施方案。以国家相关政策和要求为依据，结合贵州实际细化政策措施，鼓励各地因地制宜，积极创新探索移民社区治理的制度体系。二是发挥民间规范的积极作用。全面建立和完善居民公约和自治章程，强化宣传效应。坚持用制度管人管事，提升移民小组自我管理、自我教育、自我服务、自我监督的能力。三是实行移民社区为民服务责任清单制度。按照于法周全、于事简便的原则，编制社区服务事项流程图，实现"看图做事""照单操作"。及时公布国家关于贫困移民扶持的最新文件，并实行服务责任清单内容、规章制度、工作程序、服务过程、办理结果公开化。

再次，建立一道门受理的社区服务体制。推动移民社区治理资源的下沉与整合，实现"一门受理，窗口运作，全程服务，限时办结"的运

作机制，切实解决贫困移民社区公共服务"碎片化"的问题。一是大力推进社区服务中心建设。加大移民社区办公用房、居民活动用房等硬件设施建设，改善为民服务条件。开通网上办事大厅，提高为民服务效率。二是整合部门职能职责下沉社区服务中心。下沉移民、扶贫、民政、人社、妇联、医疗、教育、住房保障等部门职能到社区服务中心，实现社区服务"一门受理、协同办理"，为居民服务打造"绿色通道"。整合供电、供水、供气、通信、邮政等公共服务部门在社区设立服务窗口，为居民提供便民服务。三是建立动态跟踪服务机制。针对居民提出的诉求，实行"一包到底、跟踪服务"责任制，以彻底解决居民面临的实际困难。不断优化社区工作流程、完善社区工作体系，梳理社区工作逻辑，使社区工作环环相扣。

第四，实行一核心统筹的多元共治机制。构建起党委领导、政府负责、相关部门履职、社会力量参与的移民社区治理责任体系。一是切实增强移民社区党组织的战斗堡垒作用。一方面，从人才建设、资金支持、组织培训等角度加强基层党组织建设。另一方面，充分发挥社区党员的"先锋引领"作用。充分发挥离退休党员在社区治理中的余热，引导党员积极服务社区居民。二是积极培育社会力量参与社区治理。搭建政社协作、资源共享的平台和渠道，实现移民社区治理组织全覆盖、信息全掌控、矛盾全化解、困难全帮扶、服务全精准的治理目标。三是大力培训社区治理的群众精英。着力培育移民社区自治的召集人，带动居民积极参与社区治理，实现居民的事情居民自家议，把社区党委解脱出来，让社区党委去做好其他的公共服务。

最后，开展一系列具体的社区治理活动。把居民从家中吸引出来，形成"社区是我家，大家是一家"的认同感、归属感、幸福感，建立起和睦的新型邻里亲情关系。一是以项目建设为载体激发社区居民开展公共建设的热情。在搭建好社区自治平台的基础上，以社区经济项目和公共建设项目为支撑和引导，发挥社区精英的带动作用，激发居民建设社区的积极性和热情，进而实现社区公共产品的有效供给，不断增强社区群众的获得感和幸福感。针对社区老人、空巢家庭、留守儿童等特殊群体，积极推动移民社区创建"日间照料中心""阳光驿站""留守儿童之家"等服务设施，加强对弱势群体和特殊人群的关爱，建设和谐社区。二是开展丰富多彩的社区文化活动。以"移民夜校""新时代市民讲习所"等为载体，开展社会美德、社会法治、话党情感党恩等为主题的教育活动，丰富搬迁移民的精神文化生活和政策理解能力。

2021 年年初，浙江省政府工作报告提出，要坚定不移强化高效能治理，"强化数字化改革引领，加快构建职责边界清晰、依法行政的政府治理体系"。以此为契机，景宁县要加快创建山区和民族地区数字化发展示范县，推进数字政府建设，形成比较成熟完备的实践体系、理论体系、制度体系，基本建成"整体智治、唯实唯先"的现代政府，建立健全民族治理体系，着力建设智慧景宁、法治景宁、平安景宁，持续建设清廉畲乡。

（一）全面建设智慧景宁

1. 推进"整体智治"的数字政府建设

建设数字政府综合应用，打造一体化、智能化公共数据管理平台，打通各部门关键业务流程和环节，建立重大任务运用数据科学决策、精准执行、风险预警、执法监管、服务保障、督查督察、绩效评估、成果运用的体制机制，建设重大任务、重点领域跨部门跨系统，全业务协同应用的功能模块，建立数字化的决策、执行、预警、监管、服务、督查、评价、反馈的闭环管理执行链，构建数字政府建设的理论体系和制度体系，加快打造"整体智治、唯实唯先"的现代政府。

2. 加快创建山区和民族地区数字化发展示范县

推进"民族云"建设，以"城市大脑"为主框架，实现城市管理、公共服务全面智能化，公共安全监控全域覆盖，建立健全一批"社区微脑"等数字化智慧支撑体系，构建全域互联网生态系统。加强数据资源整合，建立一网集成、信息共享的公共数据平台。建设社区民族工作

"大数据"平台，实现为群众提供政策咨询、社会保障等方面的"网上办、马上办、就近办、一次办"。建立健全排查机制，化解涉及民族因素的矛盾纠纷，建设群众安居乐业的幸福家园，形成"数字浙江"民族山区样板。

（二）着力建设法治景宁

1. 加强民族立法工作

高水平推进科学立法，加强立法决策与改革决策有机衔接，加强重点领域、新兴领域立法，加快自主性、先行性立法，积极探索民族自治地方立法研究，发挥民族立法对法律的补充、先行、创制作用。加强人大立法队伍建设，打造高素质立法队伍，充分行使好民族立法权。

2. 深入推进新时代法治政府建设

深入推进司法体制改革，完善监察权、审判权、检察权运行和监督机制，提高司法质量、效率和公信力。深化综合执法改革，推进"大综合一体化"行政执法改革，推行"综合查一次"，推进行政执法规范化、标准化、数字化建设，建设全领域、高效能的综合行政执法体系。加强依法治理，有效化解社会矛盾纠纷。加快建设数字法治系统，积极推广数字法治综合应用，不断拓展集成应用场景，推动法治建设领域数字化改革不断深化。

3. 深化法治社会建设

加大普法宣传力度，深入开展法律法规进企业、进机关、进乡村、进学校、进社区、进单位"法律六进"活动以及普法基地建设活动。实施"智能普法"工程，打造一体化普法 e 联盟。健全公共法律服务体系，强化领导干部带头学法守法用法，实施公民法治素养提升专项行动。发展律师、公证、仲裁、司法鉴定等法律服务业，探索制定法律服务项目清单。加大政府购买公共法律服务力度，提升公共法律服务体系建设的经费保障水平。建立公益性法律服务补偿机制，鼓励公共法律服务的机构和人员参与法律援助。

（三）深化建设平安景宁

1. 建设高效治理体系

坚持党建引领的网格化管理，深化县级一个指挥中心、乡镇四个平台、村社全科网格、域外综治网络"四级融合、多元一体"社会治理模式。完善重大决策社会风险评估机制，构建源头防控、排查梳理、纠纷化解、应急处置多元一体的社会矛盾治理机制。构建党组织引领的群众自治和党群共治体系，探索跨乡镇跨村社联合治理模式，搭建群众参与治理平台，畅通社会组织和各类主体参与社会治理制度化渠道，实现共建共治共享。

2. 坚决捍卫政治安全

把政治安全摆在首位，将意识形态工作提到极端重要的位置上来，继续巩固党对意识形态工作的领导地位。加强国家安全宣传教育、增强全民国家安全意识，巩固国家安全人民防线。坚持党管武装制度，大力推进国防动员体系建设，打造国防教育基地，深化"双拥"模范县建设，巩固军政军民团结。

3. 全面加强经济安全

加强经济安全风险预警、防控机制和能力建设，用好经济运行数字化监测分析等数据信息平台。常态化开展断链断供风险排查，优化稳定产业链供应链，构建统一高效的粮食和重要农产品供应保障体系，确保粮食安全。进一步优化金融风险处置机制，依法打击非法金融活动，健全金融公共突发事件应急响应机制，坚决守住不发生区域性经济金融风险的底线。加强金融知识普及和金融风险宣传教育，强化群众金融风险防范意识，维护良好的县域金融生态环境。

4. 维护社会稳定和安全

积极构建"大安全、大应急、大减灾"体系，完善应急管理体制，健全风险防控体系，加强安全生产、食品药品安全、道路交通、自然灾害等重点工作，提高事故灾害风险精密智控能力和水平，坚决消除重大隐患、坚决遏制重大事故发生。构建现代警务模式，持续整治黄赌毒，坚决防范和打击暴力恐怖、黑恶势力、新型网络犯罪，推进网络生态"瞭望哨"工程建设，全面加强网络安全保障体系和能力建设。

（四）持续建设清廉畲乡

1. 坚持全面从严治党

推动主体责任和监督责任同向发力，深入推进清廉畲乡建设，统筹推进清廉村居、清廉机关、清廉企业等清廉单元建设。不断推进政治监督常态化、具体化，优化完善政治生态评价体系，探索"清廉指数"数字应用场景和实时预警监测平台开发，为持续构建山清水秀的政治生态提供制度保障，构建与绿水青山相协调的清廉生态系统。锲而不舍落实中央八项规定精神及其实施细则，持续纠治形式主义、官僚主义，切实为基层减负，坚决防止"四风"问题反弹回潮。坚持惩治高压、权力归笼、思想自律三管齐下，紧盯不收敛不收手，坚决查处重点领域和群众身边腐败问题，一体推进不敢腐、不能腐、不想腐。

2. 健全完善监督机制

持续深化纪检监察体制改革，强化对公权力运行的制约和监督。推动纪律、监察、巡察、派驻等"四项监督"的贯通衔接，精准运用监督执纪"四种形态"，加强党内监督与人大、政协、审计、群众、舆论等监督统筹衔接，以严密的监督体系完善治理格局、提升治理能力。

（五）构建乡村数字治理体系

1. 加强乡村数字基础设施建设

大幅提升乡村网络设施水平，加强基础设施共建共享，加快农村宽带通信网、移动互联网、数字电视网和下一代互联网发展。持续实施电信普遍服务补偿试点工作，支持农村地区宽带网络发展。推进农村地区广播电视基础设施建设和升级改造。完善信息终端和服务供给，鼓励开发适应"三农"特点的信息终端、技术产品、移动互联网应用（App）

软件，推动民族语言音视频技术研发应用。全面实施信息进村入户工程，构建为农综合服务平台。加快乡村基础设施数字化转型，加快推动农村地区水利、公路、电力、冷链物流、农业生产加工等基础设施的数字化、智能化转型，推进智慧水利、智慧交通、智能电网、智慧农业、智慧物流建设。

2. 繁荣发展乡村网络文化

加强农村网络文化阵地建设，利用互联网宣传中国特色社会主义文化和社会主义思想道德，建设互联网助推乡村文化振兴建设示范基地。全面推进县级融媒体中心建设。推进数字广播电视户户通和智慧广电建设。推进乡村优秀文化资源数字化，建立历史文化名镇、名村和传统村落"数字文物资源库""数字博物馆"，加强农村优秀传统文化的保护与传承。以"互联网＋中华文明"行动计划为抓手，推进文物数字资源进乡村。开展重要农业文化遗产网络展览，大力宣传中华优秀农耕文化。加强乡村网络文化引导，支持"三农"题材网络文化优质内容创作。通过网络开展国家宗教政策宣传普及工作，依法打击农村非法宗教活动及其有组织的渗透活动。加强网络巡查监督，遏制封建迷信、攀比低俗等消极文化的网络传播，预防农村少年儿童沉迷网络，让违法和不良信息远离农村少年儿童。

3. 推进数字农业发展

夯实数字农业基础，完善自然资源遥感监测"一张图"和综合监管平台，对永久基本农田实行动态监测。建设农业农村遥感卫星等设施，大力推进北斗卫星导航系统、高分辨率对地观测系统在农业生产中的应用。推进农业农村大数据中心和重要农产品全产业链大数据建设，推动农业农村基础数据整合共享。推进农业数字化转型，加快推广云计算、大数据、物联网、人工智能在农业生产经营管理中的运用，促进新一代信息技术与种植业、种业、畜牧业、渔业、农产品加工业全面深度融合应用，打造科技农业、智慧农业、品牌农业。加快农业产业数字化转型，建设智慧农（牧）场，推广精准化农（牧）业作业，推进京东农场、智慧茶园等 3 个数字农业项目试点建设。

4. 打造乡村智脑数字生活

加快乡村信息化发展，发展数字化生产力，注重建立灵敏高效的现代乡村社会治理体系，开启城乡融合发展和现代化建设新局面。分类推进乡村数字生活建设，引导集聚提升类村庄全面深化网络信息技术应用，培育乡村新业态。引导城郊融合类村庄发展数字经济，不断满足居民消费需求。引导特色保护类村庄发掘独特资源，建设互联网特色乡村。引导搬迁撤并类村庄完善网络设施和信息服务，避免形成新的"数字鸿沟"。促进农村生产、生活、生态空间的数字化、网络化、智能化发展，加快形成共建共享、互联互通、各具特色、交相辉映的乡村数字融合发展格局。鼓励有条件的乡镇规划先行，因地制宜发展"互联网＋"特色主导产业，打造感知体验、智慧应用、要素集聚、融合创新的"互联网＋"产业生态圈，辐射和带动乡村创业创新。

5. 数据汇集全共享全监管

打破数据壁垒，大力推进公共数据资源管理体系建设，建立具有应用组件的数字大脑，实现乡村政务云、公共视频、数字地图、办公系统等服务统一，汇集核心数据，集成视频资源，跨系统数据共享调用，支撑农业农村、绿色金融、"刷脸办"、大气治理等应用场景。整合农业农村、自然资源、水利、交通、民政等相关数据，融合视频监控、污水监测、智能窨井盖、智能垃圾桶、智能灯杆、交通设施等感知设备，形成触达乡村各角落的物联感知网，实现对村庄环境、村民生活的多维度管理。打通多级网络，搭建县、乡镇、村三级智治网络体系，实时掌握"乡村宜居、乡村惠民、乡村文明、乡村治理"等场景动态。

（六）培育乡风文明氛围

1. 弘扬畲族"忠勇精神"

传承"忠诚使命、求是挺进、植根人民"的浙西南革命精神，推动"浙西南革命精神"弘扬践行活动与"不忘初心、牢记使命"主题教育结合。在弘扬践行"浙西南革命精神"活动中突出畲族"忠勇精神"，诠释弘扬畲族先烈忠贞勇毅的革命情怀与民族和谐的优良传统，以畲族重点村镇为平台，在"丽水之干"中彰显畲乡特色，推动畲族忠勇精神代代相传，激励畲族村镇群众不断前行，增强景宁县在全国畲族聚居地区的文化感召力、品牌辐射力。

2. 传承畲族传统文化

深化畲族文化精品挖掘传承，加大民族文化教育力度，建设畲族文化教育基地。组建畲族文化研究团体，建立畲族文化研究基地，推进畲族文化的挖掘与研究。促进民族文化开放交流，常态化运作"中国畲族发展论坛"及系列活动，开展多层次多形式的对外文化交流，支持有少数民族艺术家组建畲族表演艺术团，培养专业表演人才，推动畲族文化走向世界。用好畲族文化发展专项资金，持续加大畲族文化保护与传承资金投入，形成畲族文化保护"1＋21＋N"模式，鼓励有条件的村落建设非遗传习所，打造一批非遗精品村。加快畲族文化资源产业化，开发以畲族工艺和医药为代表的畲风畲味产品，将畲族文化元素与市场需求相结合，设计打造特色纪念品。加大对外宣传力度，结合自媒体、微电影等新媒体手段，吸引全球游客参观考察采风及影视剧拍摄取景。

3. 建设新时代文明实践中心

建设新时代文明实践中心，是推动习近平新时代中国特色社会主义思想深入人心、落地生根的重大举措，是推动乡村全面振兴、满足农民精神文化生活新期待的战略之举。立足景宁实际，积极开展新时代文明实践中心建设，形成"县实践中心—乡镇（街道）实践所—村（社区）实践站—城乡实践点"四级工作体系。强化文明实践队伍，吸纳党政机关、企事业单位在职人员和乡土文化人才、"五老人员"、创业返乡人员等加入志愿服务队伍，分门别类组建专业志愿者队伍。整合农村文化礼堂、乡村振兴讲习所、党群服务中心等阵地资源，把新时代文明实践所（站、点）建成广大群众的"精神加油站"。

4. 打造乡村文化阵地

推动文化礼堂功能集聚，打造融合村委办公、居家养老、法制教育、村民议事、农家书屋、历史展示等多种功能的综合性乡村文化服务中心。全面落实乡村基本公共文化服务功能配置标准，推进城乡基本公共文化服务均等化。健全乡村公共文化服务体系，建设基层综合性文化服务中心，开展乡镇综合文化站星级评定，提升乡镇公共文化管理和服务效能。完善基层图书馆布局，推进农家书屋建设，打造书香乡村。加强政府购买公共文化服务，推动群众喜闻乐见、内容雅俗共赏、主题健康向上的文艺演出进村下乡，推行"订单式""菜单式"服务。开发服务乡村的特色数字文化服务，提高数字文化资源对农村地区的供给。把戏曲进乡村纳入公共文化服务体系建设。关心留守儿童、困难群众及各种特殊人群，组织开展科普、健康讲座、亲子阅读等各类活动。组织开展文化体育活动，激发群众健身热情，充实人民群众业余文化体育生活。

（七）推进平安乡村建设

1. 以"防"为先，推动全科网格建设

整合党建、公安、司法、民政、人社、自然资源、生态环境、住建等部门网格管理事务，建立"全科型网格"，实现网格"办小事、报大事"和部门"办实事、解难事"有效衔接，有机统一，力求做到"基础信息不漏项、社情民意不滞后、问题隐患全掌控"，确保网格内群众诉求和风险隐患第一时间受理，第一时间处理。深化基层治理"四个平台"建设，探索人口净流出乡镇基层治理新模式。按照"全科网格、全域覆盖、全员参与、全程服务"原则，将综合治理、公共安全、经济管理、农业管理、城建管理、党建工作、社会事务、便民服务等涉及基层社会治理的部门工作纳入"一张网"。

2. 以"和"为贵，完善矛盾化解机制

围绕信访和矛盾纠纷"最多跑一地"，进一步完善县社会矛盾纠纷

调处化解中心建设，建立健全县、乡镇（街道）、村（社区）、网格四级调解组织。健全"个人＋集体"村级调解模式，一般矛盾纠纷由调解委直接调处，重大疑难矛盾纠纷采用调委会集体调解方式，依靠道德约束力、舆论影响力和情感感染力，实现定分止争，达到"小事不出村、大事不出乡"的社会治理效果。根据矛盾纠纷的性质、涉及人数、财产数额等情况，细化类型、分级归类、分层处置。加强县法院"雷法官工作室"和巡回法庭、司法局人民调解中心、个人品牌调解工作室等调解平台建设，加强"四个平台""诉调、警调、检调、专调、访调联动"及在线矛盾纠纷多元化解平台建设，发挥专职网格员、调解员在排查化解矛盾纠纷和安全隐患的作用。

3. 以"控"为主，加强防控体系建设

加强平安乡村综合治理防控体系建设。稳步推进各村警务建设，筑牢乡村安全稳定第一道防线。健全乡村应急管理体系，有效防范化解乡村安全风险，遏制各类安全事故，防范各类灾害事件发生。坚决打好"扫黑除恶"专项斗争，着力构建全方位立体化的平安网。严厉打击"黄赌毒盗拐骗"、邪教、非法宗教活动等违法犯罪。扎实推进"雪亮工程"，完成主要出入路口及村内广场等重点范围的安防布控，扩大公共安全视频监控联网应用范围，织牢治安联防网。动员群众组建专门的群防群治巡防队伍，加强重点时段巡逻。加强重点人员服务管理，按照"一盯一"的责任区分，牢牢掌握重点人员的动向。

（八）提升公共服务水平

1. 建设乡村振兴服务中心

谋划建立乡村振兴服务中心，整合现有乡村振兴服务队和"景宁600"品牌服务中心，贯彻执行国家有关农业的方针、政策和法律法规，落实乡村振兴战略实施，协调乡村产业发展、农业增产和农民增收增效提供服务保障和技术支持。为农业综合开发、农田整治、农田水利建设、农业投资项目建设等提供相关服务和技术保障。为粮食、蔬菜、果树、中药材、畜牧、农机、渔业等产业发展提供技术支持和服务保障。为开展农村可再生能源开发利用、节能减排、农业清洁生产和生态循环农业等相关工作提供技术支持和服务保障。为农产品质量安全、农业机械安全、农机作业质量、农业病虫草鼠害监测及防控、植物检疫、农业防灾减灾等相关工作提供技术支持和服务保障。为农村集体经济组织建设，集体资产服务和农民专业合作经济组织建设等相关工作提供服务保障。为动物疫病防控、动物检疫、畜禽屠宰、疫情监测、疫情处置和应急保障提供技术支持和服务保障。

2. 多举措完善乡村社保体系

促进农村最低生活保障制度、新型农村合作医疗制度、农村医疗救助制度、农村"五保"供养制度、自然灾害生活救助制度、被征地农民基本养老保险制度等农村各项社会保障制度建设，继续实施全民参保计划，进一步加大基本养老保险扩面和基金征缴力度。针对外出务工、创业人员等，研究提出适应新特点的灵活就业人员参保缴费措施。推进医保多元复合支付方式改革，进一步完善工伤、生育保险制度。完善社会救助制度，推行支出型贫困救助，推进低收入农户和低保边缘家庭经济状况认定标准"两线合一"，实施单列户、渐退期制度。

3. 多模式提升农村养老服务

通过邻里互助、亲友相助、志愿服务等模式和举办农村幸福院、养老院等方式，大力发展农村互助养老服务，构建多层次农村养老保障体系，创新多元化照料服务模式。推进日间照料与全托服务协同结合，优化设施布局，重点加快乡镇示范型居家养老服务中心。统一谋划布局社区嵌入式养老护理机构建设，强化养老机构动态服务监管、评估，实施社区养老服务提质工程，完善医养结合、养老护理员培训工作，扩大养老服务补贴受益人群。充分利用农民土地资源，积极探索农村土地托管养老模式。倡导社会力量参与农村空巢老人养老，整合农村本地资源，孵化农村内生力量，成立妇女组织、农村老人组织，摸索"妇老乡亲"养老模式。

四、完善条件保障，确保目标实现

（一）构筑互联互通基础设施体系

深入推进基础设施互联互通，完善综合交通运输体系，建设"畲乡水网"，构建能源通信网，发展新基建，加快推动市政公共设施现代化，提高城市管理智能化水平。

1. 完善综合交通运输体系

（1）构建"X"形综合交通主干网，力争达到"做大一个中心，走近两个时代，基本实现三个80％"的目标。实施交通先行战略，开展综合交通五年攻坚大会战，构建东西大通道、南北大通道，加快县域综合交通枢纽建设，形成支撑县域发展的"X"形综合交通主干网。

（2）构建县域综合交通枢纽。构建以县城为中心的县域综合交通枢纽，加快千峡湖码头、景宁高铁站、通用机场、溧宁高速景宁互通和景宁南互通等布局和建设。加快打通对外通道和完善内部区域交通网，推动构建"铁公水空"一体化交通体系。

（3）打造链接畅通的对外综合运输网络。走近铁路时代，主动配合开工建设温武吉铁路，积极争取推进丽南铁路、丽云景铁路前期谋划，形成东进西连、北上南下铁路通道，实现"畲乡铁路梦"。走近航空时代，以外田垄通用机场为中心，完善县域直升机起降点布局，鼓励在"康养600"乡镇建设若干直升机起降点，发展低空航空产业，参与全省空中交通网络建设。强化国省道干线公路通道功能，建成景文高速、322国道景宁段，加速谋划推进景泰高速公路、景庆高速公路工程。强化国省道对景宁对外交通格局的支撑作用，加快推进235国道景宁东坑至泰顺司前段、庆景青公路改建工程等项目建设，谋划仙居至景宁公路和临安至苍南公路景宁段项目前期。

（4）完善便捷快速的内部路网体系。完善景宁县城交通环线，以322国道—庆景青公路—235国道为框架，统筹谋划中心城区至澄照、大均新通道。完善县域休闲养生产业通道布局，推进白鹤—大漈—景南—上标公路、大漈至梧桐、千峡湖环湖公路、沙湾—交见圩—鸬鹚、标溪—雁溪—景南—东坑公路等改造提升，构建县域1小时交通圈。继续高水平推进"四好农村路"建设，重点支持涉及乡村旅游和农村产业的公路提升改造。力争实现80％乡镇通二级公路，80％乡镇30分钟到达高铁站或上高速公路，80％的农村公路实施三合一（路面维修、安全防护提升、窄路基路面提升）工程，改变景宁县域的通达时间和空间格局。

2. 加快能源水利设施建设

（1）实现更优配置的水资源供给。加快推进节水六大工程，构建"一主一备"供水新格局，完成金村水库供水工程、小溪流域沿线供水一体化工程建设，推进水厂管网提升工程、原水生产供应产业链、农村供水一体化等项目，提高县城和农村供水保障能力。全面保障农业生产用水，进一步提高农田灌溉水有效利用系数。在提升西部百山祖国家公园通道的基础上，谋划推进沙湾水库项目，构建"山水相合、蓝绿相融、水陆相依"的协调发展格局，打造"山（国家公园）水（水库）联动"发展样板。

（2）高标准建设水利基础设施网络。推进"畲乡水网"建设，构建景宁"安全水网""资源水网""幸福水网""智慧水网"四张网，推动幸福河湖工程、水利兴农惠农工程、数字水利工程、水资源优化联调工程、水库保安工程、水资源资产价值转化工程等六大工程建设，打造构建县域供水新格局、高标准推进美丽河湖向幸福河湖迭代升级、数字赋能引领畲乡水利现代化等水利八项标志性成果，高效能推进水治理能力现代化。提升防洪减灾能力，实现县城、各乡镇政府驻地、其他居民集聚区防洪标准分别达50年、20年、10～20年一遇，主要江河堤防达标率提高到95％以上。

（3）推进城乡电力通信网改造建设。推动多元融合高弹性电网建设，加快建成一批110千伏、35千伏电网项目，努力谋划景宁500千伏项目，保障澄照创业园等重大产业平台用电。推动景宁城乡供电基础设施同标同质建设，积极推进山区生态"两网"示范提升工程、民族乡村振兴电网升级改造工程，建设高可靠性城市配电网及简洁型山区配电网。完善通信网络建设，以"互联网＋"理念推进信息化建设，加快完成县城 5G 基站建设，逐渐延伸至四大核心镇，到 2025 年，实现 5G 县域全覆盖。

（4）大力发展清洁能源。推动天然气市政中压管道向城西延伸，加快 LNG 永久气源站建设，逐步实现城区全覆盖，推动天然气云和至景宁管网建设。加快沙湾抽水蓄能电站项目前期谋划，力争列入国家新一轮抽水蓄能中长期规划。改造生态水电站，探索建立生态优先的水电建设管理新机制，支持鼓励各村公司联合入股方式适度投资建设光伏项目。

3. 提升市政设施现代化水平

（1）提升市政设施建设品质。完善基础设施配套，加快推进高品质商业综合体、文化街区、步行街、高端酒店、未来社区的主体建设工作，加快加油加气站、天然气调压站、智能充电桩等配套设施建设，加快完善环卫设施、公共停车场、社区服务等功能。完善绿地网络系统，开展绿化、美化、亮化工程，加快推进园区绿化、林相改造、美丽家园建设等工程，提升城市整体景观环境水平。完善县城地下空间开发和管控体系，加快地下停车场建设，推进人民路等重要地段和管线密集区地下综合管廊建设改造工程，加强地下空间管控，注重与人防设施的统筹布局，推动县域空间立体化发展。加强城市消防设施建设，推进老旧小区、"九小场所"消防设施增配改造，加密城区市政消防栓布点，完善消防设施整体布局，提升消防安全能力。

（2）全域推进海绵城市建设。推进海绵型建筑和相关基础设施建设，推广海绵型小区，采取屋顶绿化、雨水调蓄与收集利用等措施，不断提高建筑与小区的雨水积存和蓄滞能力。推进海绵型道路与广场建设，加快环县城四周截洪沟建设，推广使用透水铺装，提升雨水收集、净化和利用能力，70％降水就地消纳和利用，减轻市政排水系统压力。打造丽景民族创业园、澄照创业园等一批示范园区，推进区域整体治理。

（3）提高城市管理智能化水平。完善新型城镇化、数字化应用，集成城镇发展数字化管理系统、大数据信息系统等子系统，构建科学决策、高效执行、精准服务、综合评价的执行链。推进"城市大脑"建设，实现城市管理创新。建设视联网智慧城市指挥系统，形成城乡一体的综合管理应用平台。推进城市部件智能化改造，对县城各类管网线、窨井、公交、路灯等系统进行全面改造提升，加快一批智慧应用场景落地，提高市政公共设施故障预警、排查、更新能力。完善智慧旅游设施，建设全域旅游信息系统，建设"智慧绿道"，打造畲乡古城等智慧服务商圈，提升畲乡之窗、东弄田园综合体等景区智能服务与管理水平。深化"雪亮工程"，加快建设"智安小区""智安单位"等，提升智慧社区治理能力。

（二）深入推进农村体制机制改革

1. 深化农村土地制度改革

（1）放活农村土地产权。深化农村承包地制度改革，进一步完善承包地确权登记颁证工作，持续推进遗留问题处置。稳定农村土地承包政策，落实第二轮土地承包到期后再延长 30 年政策，结合中央、省、市具体的延保办法，分批开展再延长 30 年试点。严格落实《农村土地承包数据库管理办法（试行）》，加快推进农村土地承包经营合同管理制度建设。健全土地流转规范管理制度，发展多种形式农业适度规模经营，允许用承包土地的经营权担保融资。推行农村集体经营性建设用地入市改革，允许农村集体经营性建设用地出让、租赁、入股，实行与国有土地同等入市、同权同价。深化农村宅基地制度改革，加强农村宅基地及房屋建设管理，全面推行农民建房"一件事"审批网上办理。探索建立农村宅基地所有权、资格权、使用权等"三权分置"具体实现形式，开展闲置宅基地和闲置农房盘活利用试点，进一步放活宅基地的使用权，推动农村集体经营性建设用地入市，增加农民财产性收入。

（2）探索进城落户农民依法自愿有偿转让退出农村权益制度。维护进城落户农民在农村的"三权"，按照依法自愿有偿原则，在完成农村不动产确权登记颁证的前提下，探索其流转承包地经营权、宅基地和农民房屋使用权、集体收益分配权，或向农村集体经济组织退出承包地农户承包权、宅基地资格权、集体资产股权的具体办法。结合深化农村宅基地制度改革试点，探索宅基地"三权分置"制度。

（3）健全用地保障机制。完善农村新增用地保障机制，预留乡镇土地利用总体规划中一定比例的规划建设用地指标、年度土地利用计划新增建设用地指标，专项用于支持农村一二三产业融合发展及新产业新业态发展。鼓励农业生产与村庄建设、乡村绿化等用地复合利用，拓展土地使用功能，节约集约利用土地。开展"坡地村镇"试点，探索统筹"保耕地、保生态、保发展"的山坡地资源开发利用新路径。深化"飞地抱团"模式，建立土地增减挂钩节余指标"县域统筹、跨村发展、股份经营、保底分红"机制。开展全域乡村闲置校舍、厂房、废弃地等整治，盘活建设用地，重点用于支持乡村新产业新业态和返乡下乡创业用地需求。

2. 强化农村集体资产管理

（1）开展农村集体资产清产核资。应用集体经济数字管理平台，加强集体所有的各类资产全面清产核资，摸清集体家底，健全管理制度，防止资产流失。重点清查核实未承包到户的资源性资产和集体统一经营的经营性资产以及现金、债权债务等。健全集体资产登记、保管、使用、处置等制度，实行台账管理。强化农村集体资产财务管理，加强农村集体资金资产资源监督管理，加强乡镇农村经营管理体系建设。修订完善农村集体经济组织财务会计制度，加快农村集体资产监督管理平台建设，推动农村集体资产财务管理制度化、规范化、信息化。规范使用"村务卡"推行非现金结算，加快推进农村产权流转交易市场建设，实现应进必进，加强对农村集体经济组织审计监督。应用大数据技术，建设集数字、证书、合约等一体化的集体资产数据库，实现对集体"三资"数据的规范采集、自动处理、智能输出、永久存贮。

（2）明确农村集体资产产权归属。加快构建归属清晰、权能完整、流转顺畅、保护严格的农村集体产权制度。合理界定农村集体资产产权归属，开展确权登记，宜村则村，宜组则组，把农村集体资产的所有权确权到不同层级的农村集体经济组织成员集体，并依法由农村集体经济组织代表集体行使所有权。加快农村经济合作社股份合作制改革，进一步完善赋能活权机制，探索制定农村集体资产股权管理办法，推进农村集体资产股权占有、收益、抵押、担保、继承、有偿退出等权能实现与活化。规范股权收益分配条件、程序，让农民充分享受改革成果，增加农民财产性收入。

（3）推进农民专业合作社规范化发展。突出抓好家庭农场和农民合作社新型农业经营主体，开展农民合作社规范提升行动，深入推进示范合作社建设，建立健全支持农民合作社发展的政策体系和管理制度。推进合作社清理注销工作，争取注销辖区内的"空壳社""一人社""家族社""休眠社"。规范和提升合作社质量，示范带动一批产业优势明显、运行管理制度健全、民主管理水平较高、财务社务管理公开透明、有一定经营服务水平的合作社，确保圆满完成全国农民专业合作社质量提升整县推进试点工作。到 2025 年创建规范化农民专业合作社 100 家，发展和巩固县级以上农民专业合作社 30 家，力争推行农民专业合作社数字化管理，实现运行管理规范，典型示范突出，服务功能增强，带动农民增收明显。

（4）深化"三位一体"农合联改革。深化生产、供销、信用"三位一体"农合联示范创建。推进农合联资产经营公司市场化、实体化运行。健全规范农合联组织体系，健全服务保障体系和高效运转机制，有效推进涉农资源整合，引导农合联会员合作投资涉农产业和为农服务项目，形成以各类合作社为主体的新型合作经济发展格局，把农合联建设成为服务"三农"的大平台，高质量服务全区乡村振兴大局。

3. 创新支农服务机制体制

（1）构建农村多元投入机制。充分发挥财政资金引导作用，撬动社会资本投向农业农村重点项目。完善财政支农投入稳定增长机制，坚持优先保障农业农村，明确和强化各级政府"三农"投入责任，确保支农投入力度不断增强、总量持续增加。优化涉农资金使用结构，继续按规定推进涉农资金统筹整合，加强对重点项目的支持力度。鼓励和引导社会资本下乡，落实和完善融资贷款、配套设施建设补助、税费减免等扶持政策，建立项目合理回报机制，加大农村基础设施和公用事业领域开放力度，鼓励社会资本到农村投资适合产业化、规模化经营的农业项目，提供区域性、系统性解决方案，与当地农户形成互惠共赢的产业共同体。

（2）加强农村基础金融服务。加强农村金融创新，健全多层次信贷供给体系，创新农村信贷产品，不断增强金融服务农业农村的能力和水平。积极引导政策性银行、商业银行以及农村小额贷款公司、融资租赁公司等非银行金融机构把更多的金融资源配置到乡村振兴的重点领域和薄弱环节。探索建立"景宁600"产业发展基金，促进形成"景宁600"现代农业体系。探索建立少数民族发展专项基金，重点用于支持少数民族群体发展。整合支农资金，加强丰收驿站建设，推进农村普惠金融全面覆盖。

（3）发展农村生态信贷产品。积极贯彻落实国家绿色信贷政策，调整优化信贷投放结构，加大对生态保护、生态农业、生态农产品加工业、农旅融合产业等绿色经济和能效节约领域的投放力度。探索开展农业生产设施抵押、农村土地承包经营权抵押、农民住房财产权抵押等业务，支持农业适度规模经营；拓展基础设施预期收益、大宗订单、大棚和农机设备、项目补助性收益等抵（质）押融资机制业务，鼓励开发"农特产品贷"以及"创个"贷、电商贷、民宿贷等特色信贷产品。推广"一村万树"绿色期权扶持"三农"建设模式。打造"政银保"合作小额贴息贷款升级版，重点支持低收入农户群体加快发展绿色产业。

（4）推进农业政策保险制度。完善政策性农业保险制度，加大对粮食作物、经济作物生产保险的支持，推动完善保险方案、提高保障水平、改善保险服务，不断扩大制种保险覆盖面。探索开展粮食作物完全成本保险、收入价格指数保险和天气价格指数保险，以及土地流转保险、"两权"抵押保险等新领域。完善多元化保险保障体系，鼓励保险机构积极创设农村服务网点，开发适应农业农村和农民需要的保险品种，拓展保险服务乡村的广度与深度。

（三）充分激发市场活力

1. 推进市场机制改革创新

培育壮大市场主体。落实"凤凰行动""雄鹰行动""雏鹰行动"计划，引导企业对接多层次资本市场，引导各金融机构降低融资成本、拓展融资渠道，吸引鼓励更多的市场主体在景宁聚集，推进小微企业梯度培育和转型升级，引导小微企业入园集聚，加快"小升规"步伐，推动小微企业高质量发展。高标准推进要素市场化改革。率先探索建立"市场化推动山区建设"新模式，盘活山区土地、山林、房屋等资源要素，实行股份化、市场化、实体化运作，有效扩大山区群众资产性收入。探索建立"三统一"征收体系，开展"阳光征收"。创新土地、劳动力、资本、技术、数据、能源、环境容量等要素市场化配置方式，健全要素市场化交易平台，完善要素交易规则和服务。

2. 推进现代地方财税金融体制改革

加快建立集中财力办大事的财政政策体系和资金管理体系。积极争取上级财政扶持，深化预算管理制度改革，健全政府债务管理制度。建立金融司法联动机制，维护良好的县域金融生态环境，完善现代金融治理体系。进一步发挥政策性融资担保、融资增信作用，推进中小企业融资成本再降低。

3. 持续改善营商环境

以数字化改革撬动重要领域和关键环节，提升政务服务效能。迭代升级"最多跑一次""证照分离"、告知承诺制、高频事项"智能秒办"等涉企改革，持续深化"浙里办""浙政钉"服务智能化应用。深化政务服务"一网通办"，实施掌上办事、掌上办公、掌上执法。推进民生保障集成改革，打造山区特色公共服务体系。推进城市治理领域协同综合应用智慧化建设，继续推进"互联网＋政务服务""互联网＋监管"，集成城镇发展数字化管理系统、大数据信息系统等子系统，打造特色数字化政务服务体系。全面优化城市、综合交通、产业平台三个"硬环境"和政务服务、金融生态、人才创新、平安法治四个"软环境"，打造营商环境最优县。深入实施优化营商环境"10＋N"2.0版，全面落实民族优惠政策，努力营造市场化、法治化营商环境。加快数字赋能，深化生态信用产品应用、融合，打响生态信用品牌。完善"标准地＋承诺制＋代办制"，优化重大产业项目投资环境。

（四）营造创业创新良好生态

1. 加快引育创新创业主体

积极融入全市打造浙西南科创新高地建设，积极实施"双招双引"战略，加快创新主体招商。完善新智造自主创新体系，探索"政产学研"一体化创新机制，推进政府、高校、科研院所、企业联动创新。加快构建众创空间、星创天地等新型孵化载体，跟进畲药产业科技创新服务平台建设，培育1～2个服务体系完善、服务绩效显著、孵化特色突出的专业孵化器和孵化器联盟。支持本地企业增加研发投入，鼓励企业联合科研院校建立工程实验室、企业技术中心、企业研究中心等技术创新平台，提高企业创新积极性。

2. 提高科技成果转化水平

创新科技成果转化机制，健全科技成果转移体系，梳理幼教木玩、电工电器（气）等重点产业技术需求清单，吸引高层次人才带技术、带团队开展点对点技术攻关。依托中国浙江网上技术市场3.0，引入多元投资主体设立各类技术交易中介服务机构，推进科技招投标、科技中介、技术产权交易等科技服务市场建设，加快科技成果创新和转化。

3. 创新"飞地经济"模式

深化"五县联盟"格局，加快产业"飞地"、科创"飞地"、人才"飞地"等飞地项目建设，加快推进丽景民族创业园、"消薄飞地"高质量发展。在沪杭等地设立科创飞地，导入发达地区高端创新要素，成为接轨上海杭州、彰显特色、集聚动能、引领发展的飞地经济高质量发展示范区。加快建设沪杭等地"人才驿站"，拓宽高端人才对接交流通道。

（五）发挥人才创新活力

1. 加强人才引进交流

深化"助力畲乡·人才工作室""畲乡人才智库"建设，加大人才补贴力度，完善各类人才住房、医疗保障、子女入学、配偶就业、户籍迁移等配套政策。深入实施"绿谷精英·创新引领行动计划"，争取国千、省千人才项目落地，柔性引进一批战略科技人才、高层次人才、紧缺急需专业人才，做深做实与沪杭等地人才交流合作文章。实施"畲雁归巢"回引计划，加大高校毕业生灵活就业和创新创业政策支持，鼓励景宁籍高校毕业生回乡创业就业。

2. 加快人才队伍培育

谋划建设人力资源服务平台，引进一批人力资源服务机构，衍生发展人力资源测评、培训、管理咨询等服务业态。加强与沪杭温等地人力资源服务平台的合作对接，谋划建立人才服务银行、人才创新创业基金。制定实施高层次人才特殊支持计划，深化专技人才评价机制改革，加强重点产业领军人才培养。依托丽水职业技术学院等高职院校，强化现代职业技能人才培养体系构建，开展职业技能培训竞赛，培育一批畲乡月嫂、畲乡工匠、畲乡经理等各行各业技能人才。

（六）加快开放合作，融入大循环

1. 深度融入长三角一体化

推动跨区域战略协同，努力建成长三角农产品首选供应基地、文化旅游重要目的地、创新政策率先接轨地、产业溢出承接地、公共服务扩散共享地、生态价值实现先行地。面向长三角，围绕幼教木玩制造、电工电器（气）的重点领域和关键环节，发挥驻沪联络处"桥头堡"作用，加快落实"双招双引"战略举措，积极参加长三角等地推介招商、引资引智活动，做优做强景宁长三角招商中心，打造长三角"人才驿站"。

2. 念好新时代"山海经"

做强"飞柜"经济，共同打造五地互联互通放心食品原材料基地，共同推广"景宁600"产品。发力"飞网"经济，开创景宁农产品线上销售新通道，拓展"景宁600"市场空间。创新"飞地"经济，探索生态补偿特别合作区，构建全链条的生态环境管理制度。大力推进科创"飞地"建设，积极鼓励企业走出去，在上海及长三角区域设立研发机构，破解制约企业人才和技术瓶颈问题。

3. 推进云景聚落发展区块建设

合力共筑丽水"一带三区"发展新格局，坚持合作共赢、增量共享，突出畲族风情旅游、幼教木制玩具产业两大重点，打造民族特色风情样板和产业合作样板。发挥地域相连、人缘相亲优势，推动两县基础设施互联互通，加快公共服务融合联动。加快推动龙庆景三地协同，共建共享百山祖国家公园。

参考文献

[1] 全国脱贫攻坚总结表彰大会在京隆重举行 ［N］. 光明日报，2021-2-26.

[2] 国务院新闻办就易地扶贫搬迁工作情况举行发布会 ［EB/OL］. 中华人民共和国中央人民政府网，2020-12-03.

[3] 许源源，熊瑛，2018. 易地扶贫搬迁研究述评 ［J］. 西北农林科技大学学报（05）：107.

[4] 燕继荣，2020. 反贫困与国家治理——中国"脱贫攻坚"的创新意义 ［J］. 管理世界（04）：210.

[5] 席强敏，2018. 企业迁移促进了全要素生产率提高吗？——基于城市内部制造业迁移的验证 ［J］. 南开经济研究（04）：179.

[6] Krugman P.，1991. Geography and trade ［M］. Cambridge：The MIT Press：78-91.

[7] 顾乃华，朱卫平，2010. 产业互动、服务业集聚发展与产业转移政策悖论——基于空间计量方法和广东数据的实证研究 ［J］. 国际经贸探索（10）：30.

[8] 张天华，陈博潮，雷佳祺，2019. 经济集聚与资源配置效率：多样化还是专业化 ［J］. 产业经济研究（05）：54.

[9] 王曦，1998. 论国际环境法的可持续发展原则 ［J］. 法学评论（3）：70.

[10] 程丹，等，2015. 易地扶贫搬迁研究——以山西省五台县为例 ［J］. 天津农业科学（01）.

[11] 施国庆，郑瑞强，2010. 扶贫移民：一种扶贫工作新思路 ［J］. 甘肃行政学院学报（04）.

[12] 耿敬杰，汪军民，2018. 易地扶贫搬迁与宅基地有偿退出协同推进机制研究 ［J］.

云南社会科学（02）.

[13] 陈勇，李青雪，曹杨，等，2020. 山区农户双重风险感知对搬迁意愿和搬迁行为的影响——基于汶川县原草坡乡避灾移民分析［J］. 地理科学（12）.

[14] 刘明月，冯晓龙，汪三贵，2019. 易地扶贫搬迁农户的贫困脆弱性研究［J］. 农村经济（03）.

[15] 严登才，2011. 搬迁前后水库移民生计资本的实证对比分析［J］. 现代经济探索（06）.

[16] 武汉大学易地扶贫搬迁后续扶持研究课题组，2020. 易地扶贫搬迁的基本特征与后续扶持的路径选择［J］. 中国农村经济（12）.

[17] 吴振磊，李钺霆，2020. 易地扶贫搬迁：历史演进、现实逻辑与风险防范［J］. 学习与探索（02）.

[18] 贺立龙，郑怡君，胡闻涛，2017. 如何提升易地搬迁脱贫的精准性及实效——四川省易地扶贫搬迁部分地区的村户调查［J］. 农村经济（10）.

[19] 魏爱春，李雪萍，2020. 类型比较与抗逆力建设的内部差异性研究——以渝东 M 镇 105 户易地扶贫搬迁移民为例［J］. 中南大学学报（社会科学版）（09）.

[20] 林博，侯宏伟，2020. 黄河滩区差异化移民搬迁安置模式的探索及经验启示——基于禀赋效应的分析框架［J］. 中州学刊（12）.

[21] 邢成举，2016. 搬迁扶贫与移民生计重塑：陕省证据［J］. 改革（11）.

[22] 王寓凡，江立华，2020. "后扶贫时代"农村贫困人口的市民化——易地扶贫搬迁中政企协作的空间再造［J］. 探索与争鸣（12）.

[23] 史诗悦，2021. 易地扶贫搬迁社区的空间生产、置换与社会整合——基于宁夏固原团结村的田野调查［J］. 湖北民族大学学报（哲学社会科学版）（01）.

[24] 吴新叶，牛晨光，2018. 易地扶贫搬迁安置社区的紧张与化解［J］. 华南农业大学学报（02）.

[25] 马良灿，黄玮攀，杨钦，2018. 易地扶贫搬迁过程中多元主体间的利益分化与关系重组——以巴村为例［J］. 中州学刊（02）.

[26] 管睿，余劲，2020. 外部冲击、社会网络与移民搬迁农户的适应性［J］. 资源科学（12）.

[27] 吕建兴，曾小溪，汪三贵，2019. 扶持政策、社会融入与易地扶贫搬迁户的返迁意愿［J］. 南京农业大学学报（社会科学版）（05）.

[28] 陆海发，2019. 易地搬迁自发随迁移民社会处境问题研究——基于云南 S 区的调

查［J］．北方民族大学学报（哲学社会科学版）（06）.

［29］李聪，王磊，李明来，2020．鱼和熊掌不可兼得？易地搬迁，家庭贫困与收入分异［J］．中国人口·资源与环境（07）.

［30］李聪，王磊，康博纬，等，2019．易地移民搬迁农户的生计恢复力测度及影响因素分析［J］．西安交通大学学报（社会科学版）（07）.

［31］谢大伟，2020．易地扶贫搬迁移民的可持续生计研究——来自新疆南疆深度贫困地区的证据［J］．干旱区资源与环境（09）.

［32］周丽，黎红梅，李培，2020．易地扶贫搬迁农户生计资本对生计策略选择的影响——基于湖南搬迁农户的调查［J］．经济地理（11）.

［33］宁静，殷浩栋，汪三贵，等，2018．易地扶贫搬迁减少了贫困脆弱性吗？——基于8省16县易地扶贫搬迁准实验研究的PSM-DID分析［J］．中国人口·资源与环境（11）.

［34］王君涵，李文，冷淦潇，2020．易地扶贫搬迁对贫困户生计资本和生计策略的影响——基于8省16县的3期微观数据分析［J］．中国人口·资源与环境（10）.

［35］黄祖辉，2020．新阶段中国"易地搬迁"扶贫战略：新定位与五大关键［J］．学术月刊（09）.

［36］郭俊华，赵培，2019．西北地区易地移民搬迁扶贫——既有成效、现实难点与路径选择［J］．西北农林科技大学学报（社会科学版）（07）.

［37］王蒙，2019．后搬迁时代易地扶贫搬迁如何实现长效减贫？——基于社区营造视角［J］．西北农林科技大学学报（社会科学版）（11）.

［38］谢大伟，张诺，苏颖，2020．深度贫困地区易地扶贫搬迁产业发展模式及制约因素分析——以新疆南疆三地州为例［J］．干旱区地理（09）.

［39］谢治菊，许文朔，2020．空间再生产：大数据驱动易地扶贫搬迁社区重构的逻辑与进路［J］．行政论坛（5）.

［40］王曙光，2020．中国扶贫——制度创新与理论演变［M］．北京：商务印书馆.

［41］潘慕华，2020．景宁：基于"景宁600"品牌的农业产业化发展路径探析［J］．农技服务（9）：131-132.

［42］马克思恩格斯文集（第5卷）［M］．北京：人民出版社，2009：408.

［43］高刚，2020．健全易地扶贫搬迁社区治理体系［J］．当代贵州（34）.